Thomas Hafner

Proportionalität und Prozentrechnung in der Sekundarstufe I

VIEWEG+TEUBNER RESEARCH

Perspektiven der Mathematikdidaktik

Herausgegeben von:
Prof. Dr. Gabriele Kaiser, Universität Hamburg
Prof. Dr. Rita Borromeo Ferri, Universität Kassel
Prof. Dr. Werner Blum, Universität Kassel

In der Reihe werden Arbeiten zu aktuellen didaktischen Ansätzen zum Lehren und Lernen von Mathematik publiziert, die diese Felder empirisch untersuchen, qualitativ oder quantitativ orientiert. Die Publikationen sollen daher auch Antworten zu drängenden Fragen der Mathematikdidaktik und zu offenen Problemfeldern wie der Wirksamkeit der Lehrerausbildung oder der Implementierung von Innovationen im Mathematikunterricht anbieten. Damit leistet die Reihe einen Beitrag zur empirischen Fundierung der Mathematikdidaktik und zu sich daraus ergebenden Forschungsperspektiven.

Thomas Hafner

Proportionalität und Prozentrechnung in der Sekundarstufe I

Empirische Untersuchung und didaktische Analysen

Mit einem Geleitwort von Prof. Dr. Rudolf vom Hofe

VIEWEG+TEUBNER RESEARCH

Bibliografische Information der Deutschen Nationalbibliothek
Die Deutsche Nationalbibliothek verzeichnet diese Publikation in der
Deutschen Nationalbibliografie; detaillierte bibliografische Daten sind im Internet über
<http://dnb.d-nb.de> abrufbar.

Dissertation Universität Bielefeld, 2011

1. Auflage 2012

Alle Rechte vorbehalten
© Vieweg+Teubner Verlag | Springer Fachmedien Wiesbaden GmbH 2012

Lektorat: Ute Wrasmann | Sabine Schöller

Vieweg+Teubner Verlag ist eine Marke von Springer Fachmedien.
Springer Fachmedien ist Teil der Fachverlagsgruppe Springer Science+Business Media.
www.viewegteubner.de

Umschlaggestaltung: KünkelLopka Medienentwicklung, Heidelberg
Gedruckt auf säurefreiem und chlorfrei gebleichtem Papier

ISBN 978-3-8348-1926-0

Geleitwort

Die individuelle Entwicklung des Proportionalitäts- und Prozentbegriffs und ihre psychologischen, pädagogischen und didaktischen Bedingungen sind seit Langem ein wichtiges Thema für das Lehren und Lernen von Mathematik. Vor dem Hintergrund der großen internationalen Vergleichsstudien TIMSS und PISA und der durch diese ausgelösten Entwicklung der kompetenzorientierten empirischen Bildungsforschung stellen sich auch für dieses Thema neue und bislang kaum beantwortete Fragen. So ist zum einen bislang ungeklärt, wie sich die Entwicklung des Proportionalitäts- und Prozentbegriffs und ihrer Bedingungen in Large Assessment Studies über längere Entwicklungszeiträume darstellen und inwieweit sich bekannte normative Modelle oder bislang durch Fall- bzw. Feldstudien gewonnene Hypothesen auch quantitativ empirisch bestätigen lassen. Auf der anderen Seite besteht angesichts der zunehmenden Fokussierung auf situiertes Lernen und auf individuelle Diagnostik und Förderung ein erheblicher Bedarf an Erkenntnissen über die Bedingungen individueller Lernprozesse in diesem wichtigen Anwendungsgebiet der Schulmathematik.

Im Bereich dieser Problemstellungen bewegt sich die vorliegende Dissertation von Thomas Hafner. In seinen in das DFG-Projekt PALMA eingebetteten Untersuchungen geht es zum einen um die Erfassung und Analyse der Entwicklung der mit dem Proportionalitäts- und Prozentbegriff zusammenhängenden mathematischen Teilkompetenzen, zum anderen um Rekonstruktion und Analyse spezifischer Schülerstrategien und Fehlermuster. Ziele seiner Untersuchungen sind zum einen die Klärung der Bedingungen der Gesamtentwicklung der untersuchten mathematischen Teilkompetenz und ihrer Differenzierung nach Schularten und Klassen, zum anderen die Identifizierung charakteristischer individueller Strategien und mentaler Muster. Während die Fragen des ersten Bereichs auf eine Klärung der Rahmenbedingungen schulischen Lernens abzielen, wird mit dem zweiten Bereich eine Verbesserung der Grundlagen für die Analyse individueller Lernprozesse angestrebt.

Die Untersuchungen werden auf drei Ebenen durchgeführt, die den Bereich Proportionalität und Prozentrechnung mit zunehmend höherer Auflösung fokussieren: Zunächst werden die quantitativ ermittelten globalen Ergebnisse zur Kompetenzentwicklung dargestellt, es folgt die Untersuchung von Lösungsstrategien anhand von quantitativen und qualitativen Aufgabenanalysen, als dritte Ebene erfolgt die Rekonstruktion authentischer Schülerstrategien und der zugrunde liegenden mentalen Modelle anhand der qualitativen Analyse von Fallbeispielen.

Die quantitativen Analysen dieser Arbeit basieren auf Subskalen der PALMA-Hauptuntersuchung, in der die mathematische Kompetenzentwicklung in einer für Bayern repräsentativen Stichprobe in Hauptschule, Realschule und Gymnasium über die gesamte Sekundarstufe I hinweg erfasst wird. Sie zeichnen ein differenziertes Bild der Leistungsheterogenität der einzelnen Schulformen und Lerngruppen. Dabei wird deutlich, dass nicht nur die Schulartzugehörigkeit, sondern auch die Klassenzugehörigkeit einen erheblichen Einfluss auf die Leistungswerte haben. Diese Ergebnisse dokumentieren u. a., dass ein dreigliedriges, weitgehend undurchlässiges Schulsystem – wie es der vorliegenden Untersuchung zugrunde liegt – die ihm bisweilen zugeschriebene Aufgabe einer angemessenen individuellen Förderung kaum zu erfüllen vermag.

In den Aufgabenanalysen werden mittels quantitativen und qualitativen Methoden typische Aufgaben aus der Hauptuntersuchung analysiert, um charakteristische Lösungswege und Fehlermuster zu identifizieren und damit Hinweise zur Aufklärung der dokumentierten Defizite zu gewinnen. Es gelingt dem Autor dabei, einen detaillierten Einblick in den Zusammenhang zwischen Aufgabenstruktur, Lösungsstrategien und Fehlermustern zu vermitteln. Auch hier zeigt sich ein differenziertes Bild, das nach Schulformen und Aufgabentypen erhebliche Unterschiede aufweist, wobei Dreisatzmuster als häufigste und solide, Operatorstrategien jedoch als überlegene Lösungsverfahren identifiziert werden. Ein weiteres bemerkenswertes Ergebnis ist es, dass mangelnde Rechenfähigkeiten – entgegen manchen Strömungen aktueller Didaktik, die stark die Rolle prozessorientierter Kompetenzen betonen – für den Erfolg elementarer Aufgaben von erheblicher Bedeutung sind und letztlich eine Voraussetzung für die tragfähige Anwendung prozessorientierter mathematischer Kompetenzen bilden.

Während Lösungs- und Fehlerstrategien im Rahmen der Aufgabenanalysen differenziert dargestellt werden können, wird die Ebene der zugrunde liegenden Grund- bzw. Fehlvorstellung hier nur unzureichend erfasst. Hierzu werden im dritten Ergebnisteil prototypische Fallstudien betrachtet, in denen Lösungsstrategien mittels halbstandardisierter Interviews erhobener Transskripte im Detail rekonstruiert werden. Zusätzlich zur bislang betrachteten Sach- und Strategieebene wird damit die direkte Interaktion in Lösungsprozessen erfassbar. Die Analysen vermitteln einen Einblick in die Komplexität elementarer Modellierungen und bestätigen zahlreiche aus der Literatur bekannte Fehlkonzepte sowie Fehlermuster, die sich bereits in den beiden vorhergehenden Ergebnisteilen der vorliegenden Arbeit andeuteten. So erweisen sich spezifische Zuordnungsfehler als wesentliches Problem, ebenso wie übergeneralisierte Übertragungen aus dem Denken mit natürlichen Zahlen, die über mehrere Jahre zu verfestigten Fehlvorstellungen wurden, wie etwa die intuitive Annahme, dass Multiplikation stets vergrößere.

Insgesamt ergeben die Analysen Thomas Hafners ein präzises und detailliertes Bild der schulischen Behandlung von Prozenten und Proportionen mit zahlreichen interessanten Hinweisen für die Weiterentwicklung dieses wichtigen Gebietes der Schulmathematik in Theorie und Praxis.

Bielefeld im Oktober 2011   Rudolf vom Hofe

Danksagung

Auf dem Weg zu diesem Buch haben mich viele Menschen begleitet, die sich auf unterschiedlichste Weise für mich eingesetzt haben. Ihnen möchte ich für ihre Unterstützung und ihr Engagement an dieser Stelle danken.

Neben der wissenschaftlichen und fachlichen Betreuung der Arbeit durch Anregungen und Ratschläge bedarf es auch des privaten und familiären Rückhalts, sodass ich vor allem

- meinem Doktorvater Prof. Dr. Rudolf vom Hofe,
- allen Mitarbeiterinnen und Mitarbeitern der PALMA-Projektgruppe, sowie den teilgenommenen Schülerinnen und Schülern und Lehrerinnen und Lehrern,
- der Arbeitsgruppe Empirische Unterrichtsforschung des Instituts für Didaktik der Mathematik der Universität Bielefeld,
- meiner Familie und
- allen anderen, die zum Gelingen dieser Arbeit beigetragen haben,

einen ganz herzlichen Dank aussprechen möchte.

Ebenso möchte ich der Deutschen Forschungsgemeinschaft danken, die das PALMA-Projekt im Gesamten und die Durchführung meiner Interviews im Besonderen finanziell unterstützt hat.

Bielefeld im Juli 2011   Thomas Hafner

Inhaltsverzeichnis

Abbildungsverzeichnis

Tabellenverzeichnis

1 Einleitung

Seit den ersten Veröffentlichungen der Ergebnisse aus TIMSS-1995 (*Third International Mathematics and Science Study*) und PISA-2000 (*Programme for International Student Assessment*) sind die Schulausbildung und insbesondere der Mathematikunterricht in der Öffentlichkeit in aller Munde. Da diese beiden Studien Deutschland einen Rangplatz bescheinigten, der unter dem Durchschnitt der OECD-Länder liegt, meldeten sich zu diesem Thema nicht nur Wissenschaftler aus Mathematikdidaktik, Psychologie und Pädagogik, sondern auch Politiker, Wirtschaftsvertreter, Medien, Lehrerverbände und Elterninitiativen zu Wort. Neben plakativen und provozierenden Aussagen wie „Deutschland ist gefährdet" (Merkens, 2003) wurde auch sehr schnell nach möglichen Ursachen für das vergleichsweise schlechte Abschneiden deutscher Schülerinnen und Schüler[1] gesucht und erste Forderungen wurden diskutiert und abgeleitet.

Unter dem Einfluss der ersten PISA-Ergebnisse und der sog. Klieme-Expertise (vgl. Klieme, Avenarius, Blum, Döbrich, Gruber, Prenzel, Reiss, Riquarts, Rost, Tenorth & Vollmer, 2003), die von der *Konferenz der Kultusminister der Länder in der Bundesrepublik Deutschland* in Auftrag gegeben wurde, wurden 2003 unter anderem die *Bildungsstandards im Fach Mathematik für den Mittleren Schulabschluss* von der Kultusministerkonferenz beschlossen und für alle Bundesländer verpflichtend eingeführt. Ein Jahr später wurden entsprechende Standards auch für den Primarbereich und Hauptschulabschluss formuliert (vgl. Konferenz der Kultusminister der Länder in der Bundesrepublik Deutschland, 2004). Diese Regelstandards erweitern die bestehenden, inhaltlich orientierten Lehrpläne um prozessbezogene, inhaltsübergreifende Kompetenzen, die Schüler in Zusammenhang mit mathematischen Inhalten erwerben sollen.

Die Auswertungen der PISA-Erhebungen von 2003, 2006 und 2009 machten weiterhin deutlich, dass zwar im Vergleich zum Jahre 2000 deutliche Leistungssteigerungen erzielt wurden, insgesamt die Leistungen deutscher Schüler im internationalen Vergleich jedoch nur im Mittelfeld anzusiedeln sind.

Die oben erwähnten Vergleichsstudien sind querschnittlich angelegt und daher nur begrenzt in der Lage, Entwicklungsverläufe zu erfassen und das Zustandekommen der Leistungen bzw. Leistungsdefizite zu erklären. Aus diesem

---

[1] Die Personenbezeichnungen Schüler, Lehrer, usw. sind im Folgenden geschlechtsneutral zu verstehen. Es wird zugunsten der besseren Lesbarkeit auf die entsprechende weibliche Form verzichtet, ohne das eine oder andere Geschlecht zu bevorzugen bzw. zu benachteiligen.

Grund wurde die von der DFG geförderte Längsschnittstudie PALMA (*Projekt zur Analyse der Leistungsentwicklung in Mathematik*) ins Leben gerufen. Dieses Projekt untersuchte neben Entwicklungsverläufen von Mathematikleistungen während der Sekundarstufe I im Hinblick auf mathematische Grundbildung auch Voraussetzungen der Leistungen auf Seiten der Schüler und Kontextbedingungen in Unterricht, Schulklasse und Elternhaus.

Die vorliegende Arbeit ist Teil des PALMA-Projekts und bezieht sich auf die kerncurricularen Inhalte *Proportionalität* und *Prozentrechnung*. Hauptziel dieser Untersuchung ist es, die Leistungsentwicklung von Schülern in diesen Inhaltsbereichen über die Sekundarstufe I hinweg zu analysieren.

Bei *Proportionalität* und *Prozentrechnung* handelt es ich um zentrale und zusammenhängende schulmathematische Themengebiete, die weit über den schulischen Unterricht hinaus im Alltag präsent sind und ihre Anwendungen in vielen lebenspraktischen Situationen finden.

Diese alltagsrelevanten Inhalte wurden noch vor einigen Jahren als Kerngebiete der Hauptschule angesehen, in der *Sachrechnen* und *bürgerliches Rechnen* eine weitaus bedeutendere Rolle einnahm als an Realschulen oder Gymnasien. Seit den PISA-Untersuchungen werden jedoch gerade diesen anwendungsorientierten Themen und der damit eng verbundenen prozessbezogenen Kompetenz des *mathematischen Modellierens* eine weitaus höhere Bedeutung beigemessen. Dies gewinnt insofern an Brisanz, als auch bei Schülern an Gymnasien in diesen Themenbereichen Defizite nachgewiesen werden konnten (vgl. PISA-Konsortium Deutschland, 2004b, S. 86ff).

Daher besteht im Rahmen dieser Arbeit besonderes Interesse an folgenden zentralen Punkten:

☐ Wie ist der aktuelle Leistungsstand hinsichtlich der Inhalte Proportionalität und Prozentrechnung von Schülern in der Sekundarstufe I?
☐ Welche Leistungsentwicklung lässt sich feststellen?
☐ Welche Gemeinsamkeiten, Unterschiede und Auffälligkeiten gibt es in den einzelnen Schulformen?
☐ Welche Rolle spielt die Klassenzugehörigkeit?
☐ Welche Strategien verwenden Schüler zum Lösen typischer Aufgabenstellungen und wie erfolgreich sind sie?
☐ Wo liegen besondere Leistungsdefizite bei Schülern?
☐ Worin sind die Fehler der Schüler begründet?
☐ Lassen sich Hinweise zur Verbesserung der Schul- und Unterrichtspraxis aus den Ergebnissen ableiten?

Die Arbeit gliedert sich in drei Teilbereiche. Zuerst werden zugrunde liegende theoretische, kognitionspsychologische und didaktische Aspekte dargestellt (Kapitel 2-5). Anschließend werden sowohl Ziele als auch Forschungsfragen konkretisiert (Kapitel 6). Im dritten Teil erfolgen empirische Untersuchungen, Analysen und Auswertungen (Kapitel 7-10), die abschließend (Kapitel 11) zusammengefasst werden.

2 Forschungszusammenhang

2.1 Die Längsschnittuntersuchung PALMA

Sowohl auf internationaler als auch auf nationaler Ebene wurden in den letzten Jahrzehnten zahlreiche Vergleichsuntersuchungen zu Mathematikleistungen von Schülern durchgeführt, z. B. die *Third International Mathematics and Science Study* (TIMSS), das *Programme for International Student Assessment* (PISA) oder die *Internationale Grundschul-Lese-Untersuchung* (IGLU). Diese Studien dokumentieren eine erhebliche Streuung der Schülerleistungen, insbesondere in Naturwissenschaften und dem Fach Mathematik. Die dabei festgestellten Leistungsdifferenzen beziehen sich auf *inter-* und *intra*-nationale Unterschiede. Neben dem durchschnittlichen Abschneiden deutscher Schüler im internationalen Vergleich ist den Auswertungen der nationalen PISA-Daten zusätzlich zu entnehmen, dass signifikante Unterschiede in den Mathematikleistungen zwischen Bundesländern, Schulformen und auch Klassenverbänden zu verzeichnen sind (vgl. etwa PISA-Konsortium Deutschland, 2002 und 2004a; Baumert, 2003; Bos, Lankes, Prenzel, Schwippert, Valtin & Walther, 2004; Möller & Prasse, 2009). Darüber hinaus wurden mehrfach korrelative Zusammenhänge zwischen Mathematikleistungen von Schülern und Individual- bzw. Kontextvariablen konstatiert (vgl. etwa Helmke & Weinert, 1997; Baumert & Lehmann, 1997; Baumert, Bos & Lehmann, 2000; PISA-Konsortium Deutschland, 2007). Damit entsteht zwar ein differenziertes und umfassendes Monitoring des Bildungssystems zu einem bestimmten Zeitpunkt, aber aufgrund der querschnittlichen, nicht experimentellen Untersuchungsanlage sind

> „Aussagen zu prognostischen Beziehungen, Bedingungsbeziehungen und Handlungsmöglichkeiten aus den Daten dieser Studien selber nicht ableitbar" (Pekrun, 2002, S. 113).

Dies liegt daran, dass Querschnittstudien prinzipiell nur begrenzt dazu beitragen, Entwicklungsverläufe von Mathematikleistungen darzustellen, Ursachen für Leistungsdefizite zu erkunden, präventive Handlungsmöglichkeiten abzuleiten, den Einfluss von Sozialkontexten auf die Kompetenzentwicklung zu analysieren und die Bedeutung von Emotionen beim Mathematiklernen zu untersuchen, da ihre Erhebungen entweder punktuell angelegt sind, oder sich wiederholende Erhebungswellen auf unterschiedliche Stichproben beziehen.

Diese Desiderata (vgl. Pekrun, 2002) waren unter anderem Motivation für die Längsschnittstudie *Projekt zur Analyse der Leistungsentwicklung in Mathematik* (PALMA), eine empirische und interdisziplinäre Forschungskooperation aus Pädagogischer Psychologie und Didaktik der Mathematik. Die PALMA-Studie wurde durch die Deutsche Forschungsgemeinschaft (DFG) im Zeitraum von 2000 bis 2008 gefördert und war zugleich von 2000 bis 2006 ein Teil des DFG-Schwerpunktprogramms *Die Bildungsqualität von Schule* (BIQUA). Geleitet wird dieses DFG-Projekt von Prof. R. Pekrun (Department Psychologie, Universität München), Prof. R. vom Hofe (Institut für Didaktik der Mathematik, Universität Bielefeld[2]) und Prof. W. Blum (Didaktik der Mathematik, Universität Kassel). Sowohl Anlage, Konzeption und Ziele dieser Untersuchung werden im Folgenden genauer erläutert.

2.2   Anlage und Ziele von PALMA

Das PALMA-Projekt ist als prospektiv-längsschnittliche Erweiterung der OECD-Studie PISA angelegt und verfolgt das übergeordnete Ziel, Leistungsentwicklungen und deren Bedingungen im Fach Mathematik während der Sekundarstufe I, also von der 5. bis zur 10. Jahrgangsstufe, zu analysieren (vgl. vom Hofe, Pekrun, Kleine & Götz, 2002).

Die Längsschnittuntersuchung wurde erstmalig gegen Ende des Schuljahres 2001/2002 mit einer für die 5. Jahrgangsstufe repräsentativen Stichprobe bayerischer Schüler durchgeführt. Die Stichprobenziehung erfolgte durch das *Data Processing and Research Center* (DPC) der *International Association for the Evaluation of Educational Achievment* (IEA) in Hamburg, das unter anderem die drei Schulformen Hauptschule, Realschule und Gymnasium bei der Auswahl der Schüler berücksichtigte. Zum ersten Messzeitpunkt (abgekürzt: MZP 1) wurden ausschließlich gesamte Klassenverbände getestet, die – sofern es möglich war – weiter verfolgt wurden. Dadurch sollen klassenbezogene Effekte bzgl. Unterrichts- und Kontextvariablen abgeschätzt werden. Der Längsschnitt wird komplettiert durch sich jährlich wiederholende Erhebungswellen bis zum sechsten Messzeitpunkt (MZP 6) in der 10. Jahrgangsstufe (siehe Abbildung 2.1).

Bei der Weiterverfolgung der ausgewählten Schülerkohorte werden nach Möglichkeit auch Klassenwiederholer – also Schüler, die das Bestehen der Jahrgangsstufe nicht erreicht hatten – in der Längsschnittstichprobe belassen und weiter in die Studie einbezogen. Diese Stichprobenstrategie versucht dem Problem der zunehmenden Positivselektion zu begegnen, das in schulischen Längs-

---

[2]   bis April 2006: Didaktik der Mathematik, Universität Regensburg

schnittuntersuchungen häufig anzutreffen ist. (vgl. Pekrun, Götz, vom Hofe, Blum, Jullien, Zirngibl, Kleine, Wartha, & Jordan, 2004). Darüber hinaus werden wichtige Informationen über das bislang wenig analysierte Problem der Klassenwiederholung in Deutschland gesammelt (vgl. Bellenberg, 1999).

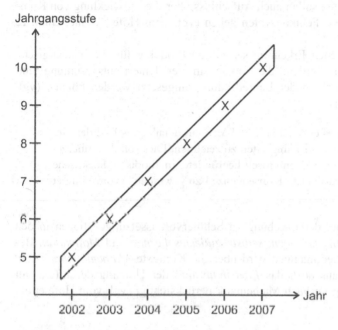

Abbildung 2.1: PALMA-Längsschnittdesign

Mit dem zugrunde gelegten Testdesign werden insbesondere (1) Entwicklungsverläufe von Mathematikleistungen im Hinblick auf mathematische Grundbildung, (2) Voraussetzungen der Leistungen auf Seiten der Schüler und (3) Kontextbedingungen in Unterricht, Schulklasse und Elternhaus untersucht (vgl. vom Hofe et al., 2002).

In Bezug auf die Leistungsentwicklung in Mathematik werden folgende Aspekte fokussiert:

☐ Neben einer allgemeinen mathematischen Kompetenz werden die Teilfähigkeiten Modellieren und Kalkül-orientiertes Rechnen gegenübergestellt. (Näheres zum Begriff des Modellierens siehe Kapitel 3.4 auf S. 16ff.)

☐ Im Zentrum steht die Analyse von Modellierungskompetenzen und die damit zusammenhängende Rolle mathematischer Grundvorstellungen von Schülern. (Näheres zum Begriff der Grundvorstellungen siehe Kapitel 4.1 auf S. 21ff.)

☐ Die Entwicklung der Fähigkeiten wird nach spezifischen mathematischen Inhaltsbereichen (z. B. Arithmetik, Algebra oder Geometrie) bzw. mathematischen Schlüsselbegriffen (z. B. Bruchzahl- oder Funktionsbegriff) untersucht.

☐ Die Untersuchungen sollen auch Aufschluss über die Entwicklung von Kompetenzdefiziten und Fehlkonzepten geben (vgl. vom Hofe, Kleine, Blum & Pekrun, 2005).

☐ Aus den gewonnenen Erkenntnissen sollen Produkte für die pädagogische Praxis entwickelt werden, die sowohl in der Unterrichtsgestaltung und -evaluation als auch in der Lehrerbildung eingesetzt werden können (vgl. Pekrun et al. 2004).

> „Insgesamt ist es ein Ziel von PALMA, ein detailliertes Bild der Genese mathematischer Fähigkeiten zu zeichnen. Dies soll dem übergeordneten Ziel dienen, empirisch begründete, methodisch-didaktische und stofflich-curriculare Konsequenzen zu gewinnen" (vom Hofe et al., 2005, S.280).

Die Schwerpunkte bei der Erhebung zu Schülervoraussetzungen liegen in den Bereichen *Mathematikemotionen, selbstreguliertes Lernen* und *Motivation*. Bezüglich der Kontextbedingungen wird über die Kontexte *Mathematikunterricht* und *Schulklasse* hinaus auch das *Elternhaus* und der Umgang der Eltern mit Leistungsanforderung im Fach Mathematik berücksichtigt (vgl. vom Hofe et al., 2002).

2.3   Erhebungsinstrumente und Auswertung

Das Instrumentarium zur empirischen Analyse besteht aus vorhandenen sowie neu entwickelten Erhebungsinstrumenten. Kognitive Grundfähigkeiten der Schüler werden mithilfe des Kognitiven Fähigkeitstests (KFT) von Heller und Perleth (2000) erfasst. Die Erhebungen weiterer Variablen zu Schülermerkmalen (z. B. selbstbezogene Kognitionen, Motivation, Lern- und Problemlöseverhalten und Aufmerksamkeitsressourcen) erfolgt über Schülerfragebögen mit Selbstberichtsskalen. Die *Münchener Skalen zu Mathematikemotionen* wurden für diese Längsschnittuntersuchung neu entwickelt und erprobt. Bei den Erhebungsinstrumenten von Kontextvariablen zu Unterricht, Klasse und Elternhaus handelt es sich um auf das Fach Mathematik abgestimmte Fragebögen und Skalen, die nicht nur aus Sicht der Schüler, sondern in analoger Weise auch aus Lehrer- bzw. Elternperspektive beantwortet werden (vgl. etwa zu MZP 6 Pekrun, Lichtenfeld,

Frenzel, Götz, Blum, vom Hofe, Jordan & Kleine, 2008). Eine detaillierte Übersicht der erhobenen Variablen findet sich bei Pekrun et al., 2004. Mathematische Kompetenzen werden mithilfe des *Regensburger Mathematikleistungstests für 5.-10. Klassen* erhoben, der im Rahmen von PALMA entwickelt und in Pilotstudien und Voruntersuchungen erfolgreich erprobt wurde (vgl. Kleine, 2004). Dieser beruht auf dem PISA-Kompetenzkonzept im Sinne von *mathematical literacy* unter Einbeziehung mathematischer Grundvorstellungen, wie es in Kapitel 3 detaillierter beschrieben wird.

Der Rasch-skalierte Test gestattet die längsschnittliche Darstellung der mathematischen Leistungsentwicklung über mehrere Messzeitpunkte hinweg und eignet sich zudem zur differenzierten quantitativen Erfassung unterschiedlicher Kompetenzbereiche (vgl. vom Hofe et al., 2002).

Implementierte Itemserien in Form von Subtests erfassen Modellierungskompetenzen in den zentralen mathematischen Inhaltsgebieten (1) Arithmetik, (2) Algebra, (3) Geometrie und orientieren sich damit an den entsprechenden inhaltlichen Leitideen (1) *Quantität*, (2) *Veränderung und Beziehung* und (3) *Raum und Form* der PISA-Konzeption (vgl. PISA-Konsortium Deutschland, 2004a). Parallel dazu lassen sich in einer eigenen Subskala Entwicklungsverläufe zu Kalkül-Kompetenzen darstellen. Zur Bearbeitung der Kalkül-Items müssen lediglich Regeln, schematische Lösungsverfahren oder Algorithmen angewendet werden. Diese Aufgabengruppe entspricht den technischen Items der PISA-Aufgaben (vgl. vom Hofe et al., 2005; Neubrand, Biehler, Blum, Cohors-Fresenborg, Flade, Knoche, Lind, Löding, Möller & Wynands, 2001).

Die Erhebungen zu mathematischen Kompetenzen werden durch qualitative Interviewstudien abgerundet, die ab dem zweiten Messzeitpunkt (6. Klasse) durchgeführt werden. Bei der Zusammenstellung der Interviewaufgaben kommen aus dem Haupttest parallelisierte Aufgaben zum Einsatz; entsprechend der Jahrgangsstufe werden auch inhaltliche Schwerpunkte gesetzt, z. B. in der 6. Jahrgangsstufe Bruchrechnung, in der 7. Jahrgangsstufe negative Zahlen und ab der 8. Jahrgangsstufe Funktionen.

Ziel der Interviews ist es, Lösungsstrategien, Details des Lösungsprozesses und mögliche Fehlvorstellungen aufzudecken und zu analysieren, die im Rahmen der quantitativen Untersuchung nicht ausreichend erfasst werden können.

2.4 Einordnung der vorliegenden Arbeit

Diese Arbeit ist inhaltlich und methodisch in das PALMA-Projekt eingebettet und verfolgt das Ziel, Mathematikleistungen von Schülern der Sekundarstufe I in den Inhaltsbereichen *Proportionalität* und *Prozentrechnung* quantitativ und qualitativ zu analysieren.

Um die Leistungsentwicklung von der 5. bis zur 10. Klasse in diesem Kontext untersuchen zu können, wird aus der Hauptsubskala eine neue Subskala generiert, die auf Aufgaben zu (anti)proportionalen Zuordnungen oder zur Prozentrechnung basiert. Damit kann die längsschnittliche und quantitative Leistungsentwicklung in diesen Themengebieten erfasst und dargestellt werden. Im Anschluss daran erfolgt die Aufgabenanalyse exemplarischer Aufgaben aus der Prozentrechnung. Neben der Auswertung von Lösungsstrategien seitens der Schüler werden auch typische Fehlstrategien untersucht. Weiterhin werden die qualitativen Daten der Interviewstudien aus den beiden Erhebungswellen MZP 2 (6. Klasse) und MZP 6 (10. Klasse) ausgewertet.

3 Mathematische Grundbildung

3.1 Allgemeinbildender Mathematikunterricht

Eine Gemeinsamkeit der weiterführenden Schulformen Hauptschule, Realschule, Gymnasium und Gesamtschule besteht in dem Anspruch, *allgemeinbildende Schulen* zu sein. Damit haben sie unter anderem den Auftrag, die Schüler umfassend auf zukünftige Anforderungen des Alltags vorzubereiten, sodass sie

> „einen Platz in ihrem künftigen gesellschaftlichen Umfeld finden und aktiv am gesellschaftlichen Leben teilnehmen (…) können" (Bayerisches Staatsministerium für Unterricht und Kultus, 2001, S. 13).

Bereits Winter (1976a, 1976b und 1996) betonte diese Funktion der Allgemeinbildung und hält folgende inhaltlichen Aspekte fest.

> „Zur Allgemeinbildung soll hier das an Wissen, Fertigkeiten, Fähigkeiten und Einstellungen gezählt werden, was jeden Menschen als Individuum und Mitglied von Gesellschaften in einer wesentlichen Weise betrifft, was für jeden Menschen unabhängig von Beruf, Geschlecht, Religion u.a. von Bedeutung ist" (Winter, 1996, S. 35).

Die *Organisation für wirtschaftliche Zusammenarbeit und Entwicklung* (OECD) hat auch hinsichtlich des Mathematikunterrichts mehrfach den Vorschlag eingebracht, den Leistungsbegriff durch das Konzept der Kompetenzen zu ersetzen. Kompetenzen werden demnach als kognitive Fähigkeiten und Fertigkeiten verstanden, die bei Individuen entweder vorhanden oder durch sie erlernbar sind (vgl. Weinert, 2001). Ausgehend von diesem allgemeinen Verständnis wurde folgende Definition des Kompetenzbegriffs erarbeitet, die für Leistungsstudien zweckdienlich ist und eine wichtige Grundlage für empirische Untersuchungen wie PISA und PALMA bilden.

> „Kompetenzen sind Systeme aus spezifischen, prinzipiell erlernbaren Fertigkeiten, Kenntnissen und metakognitivem Wissen, die es erlauben, eine Klasse von Anforderungen in bestimmten Alltags-, Schul- oder Arbeitsumgebungen zu bewältigen" (Klieme, Funke, Leutner, Reimann & Witt, 2001, S. 182).

Diese Begriffsbestimmung ist auf eine kognitive Sichtweise beschränkt und weiterhin gekennzeichnet durch einen (1) bereichsspezifischen, (2) funktionalen und (3) verallgemeinernden Aspekt. *Bereichsspezifisch* bedeutet, dass Kompetenzen auf einen bestimmten Bereich bzw. ein abgegrenztes Gebiet (z. B. das Fach Mathematik oder die Prozentrechnung) bezogen sind. Auch wenn nach diesem Verständnis von Kompetenz eine messbare Leistung von den zugrunde liegenden kognitiven Voraussetzungen klar abgegrenzt ist, impliziert der *funktionale* Begriffsaspekt, dass man durch die in einem Test erbrachte Leistung auf die Existenz eines entsprechenden kognitiven Merkmals schließen kann. Im Sinne des *verallgemeinernden* Aspekts werden Kompetenzen als Dispositionen aufgefasst und sind damit umfassender als die Beschreibung einer einzelnen Leistung. (vgl. Klieme et al., 2001).

Im Hinblick auf den Mathematikunterricht bleiben die Fragen zu klären, wie eine so verstandene Allgemeinbildung und die Vermittlung entsprechender Kompetenzen erreicht werden können. Bei der Auseinandersetzung mit mathematischen Inhalten stellt Winter (1996) drei *Grunderfahrungen* in den Vordergrund, die eng miteinander verknüpft sind. Mathematikunterricht soll demnach (1) *anwendungsorientiert* sein; d. h., dass der Unterricht grundlegende Einsichten in Natur, Gesellschaft und Kultur vermitteln soll. Die Auseinandersetzung mit mathematischen Problemstellungen soll weiterhin (2) *strukturorientiert* erfolgen; d.h., dass Mathematik als eine in sich logische, deduktiv geordnete Welt wahrgenommen wird. Letztlich soll der Mathematikunterricht (3) *problemorientiert* gestaltet werden; d.h., dass Schüler heuristische Fähigkeiten erwerben sollen, um vorhandene Muster in Problemlöseprozessen zu erkennen und zu nutzen (vgl. Winter, 1996; Blum & Henn, 2003).

Die Beschreibung des Kompetenzbegriffs in Zusammenhang mit Allgemeinbildung bedarf einer weiteren Spezifizierung im Hinblick auf das Fach Mathematik und mathematische Inhalte.

3.2 Mathematical literacy

Die heutzutage in der Fachdidaktik überwiegende Auffassung von mathematischer Grundbildung geht auf Freudenthal zurück, für den

> „unsere mathematischen Begriffe, Strukturen und Vorstellungen (...)
> erfunden wurden als Werkzeuge, um die Phänomene der natürlichen,
> sozialen und geistigen Welt zu ordnen" (Freudenthal, 1983, S. 142).

Aufbauend auf diesem Grundverständnis von Mathematik und unter Berücksichtigung des beschriebenen Kompetenzkonzepts wird mathematische Grundbildung im Sinne von *mathematical literacy* verstanden, wie sie den Studien PISA und PALMA zugrunde liegt.

> „Mathematical literacy is an individual´s capacity to identify and understand the role that mathematics plays in the world, to make wellfounded mathematical judgements and to use and to engage in mathematics, in ways that meet the needs of the individual´s current and future life as a constructive, concerned and reflected citizen" (OECD, 2003, S. 24).

Einerseits wird deutlich, dass im Umgang mit Mathematik die Vermittlung von Sach- und Sinnzusammenhängen im Vordergrund steht. Gute mathematische Grundbildung zeichnet sich unter anderem dadurch aus, dass mathematisches Wissen und Können flexibel und einsichtig auf alltagsnahe Problemsituationen angewendet werden können. Andererseits wird formalen Rechenverfahren, dem Umgang mit Formeln oder der Unterweisung in Standardverfahren weniger Bedeutung beigemessen. Aus diesen Überlegungen und Ansätzen entwickelte sich ein Begriffsverständnis für mathematische Kompetenz, das sich eng an den Ausführungen Freudenthals orientiert und sich folgendermaßen zusammenfassen lässt.

> „Mathematische Kompetenz besteht also für PISA nicht nur aus der Kenntnis mathematischer Sätze und Regeln und der Beherrschung mathematischer Verfahren. Mathematische Kompetenz zeigt sich vielmehr im verständnisvollen Umgang mit Mathematik und in der Fähigkeit, mathematische Begriffe als ‚Werkzeuge‘ in einer Vielfalt von Kontexten einzusetzen. Mathematik wird als ein wesentlicher Inhalt unserer Kultur angesehen, gewissermaßen als eine Art von Sprache, die von den Schülerinnen und Schülern verstanden und funktional genutzt werden sollte" (Artelt, Baumert, Klieme, Neubrand, Prenzel, Schiefele, Schneider, Schümer, Stanat, Tillmann & Weiß, 2001, S. 19).

Diese „modernere" Auffassung mathematischer Grundbildung und Kompetenz resultiert aus der von der Kultusministerkonferenz in Auftrag gegebenen sog. Klieme-Expertise (vgl. Klieme et al., 2003) und wirkte sich direkt auf bildungspolitische Entscheidungen aus. Mit den schlechten Ergebnissen aus der ersten PISA-Untersuchung 2000 im Rücken und der Zielsetzung, in zukünftigen Ver-

gleichsuntersuchungen besser abzuschneiden, wurden Maßnahmen für eine ver-
besserte Bildungsqualität ergriffen. Neben der Bereitstellung von Lern- und
Übungsmaterialien für den Unterricht (z. B. freigegebene und adaptierte PISA-
Aufgaben) und zahlreichen Maßnahmen in der Lehrerfortbildung (z. B. Programme der Bund-Länder-Kommission für Bildungsplanung und Forschungs-
förderung BLK) wurde die Entwicklung und Einführung der nationalen Bildungsstandards ebenso durch die Ergebnisse der PISA-Studie mit ihrem Verständnis mathematischer Grundbildung motiviert (vgl. vom Hofe et al., 2005).

3.3 Bildungsstandards

Die Implementierung der *Bildungsstandards im Fach Mathematik für den Mittleren Schulabschluss* (kurz: Bildungsstandards) ermöglicht einen gemeinsamen
Rahmen für die entsprechenden Bildungsgänge in allen Bundesländern. Die
bestehenden Lehrpläne, die traditionell eng an fachlichen Inhalten orientiert und
zwischen den Bundesländern teilweise sehr unterschiedlich waren, werden um
prozessbezogene Kompetenzen erweitert und als *Standards* und etwa nicht als
Bundeslehrpläne verstanden (vgl. vom Hofe et al., 2005). Mit der Einführung der
Bildungsstandards findet das Konzept der mathematischen Grundbildung also
ihren Platz im deutschen Bildungswesen und stellt einen Meilenstein in der Cur-
riculum- und Lehrplanentwicklung in Deutschland dar.

Das Aufbauprinzip der Bildungsstandards ist gekennzeichnet durch die drei
Dimensionen (1) allgemeine mathematische Kompetenzen, (2) mathematische
Leitideen und (3) Anforderungsbereiche. (vgl. Konferenz der Kultusminister der
Länder in der Bundesrepublik Deutschland, 2004). Diese sind mit ihren jeweili-
gen Kategorien in Abbildung 3.1 dargestellt.[3]

Zur ersten Dimension zählen sechs mathematische Kompetenzen: (1) mathematisch argumentieren, (2) Probleme mathematisch lösen, (3) mathematisch
modellieren, (4) mathematische Darstellungen verwenden, (5) mit symbolischen,
formalen und technischen Elementen der Mathematik umgehen und (6) kommu-
nizieren. Diese Unterteilung ist eng an Kompetenz-Formulierungen von PISA
angelehnt (vgl. Konferenz der Kultusminister der Länder in der Bundesrepublik
Deutschland, 2004).

---

[3] Zur besseren Übersicht sind einige Bezeichnungen abgekürzt; im Fließtext werden die
genauen Formulierungen verwendet.

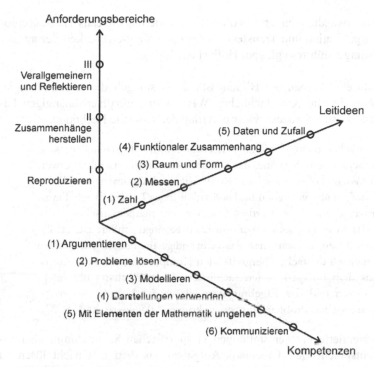

Abbildung 3.1: Dimensionen der Bildungsstandards

Diese prozessbezogenen Kompetenzen besitzen zwar Allgemeinheitscharakter, können jedoch nur in der inhaltlichen Auseinandersetzung mit konkreten Problemstellungen erworben werden. Entsprechende Inhalte lassen sich den fünf mathematischen Leitideen (1) Zahl, (2) Messen, (3) Raum und Form, (4) funktionaler Zusammenhang und (5) Daten und Zufall zuordnen. Diese Kategorien orientieren sich an mathematischen Inhaltsgebieten (z. B. Arithmetik, Geometrie und Algebra) und haben ihren Ursprung in Erziehungswissenschaften und Fachdidaktik (vgl. Bruner, 1973; Wittmann, 1975).

Jeder inhaltlich ausdifferenzierten Kompetenz lässt sich durch die dritte Dimension eine der drei Anforderungsbereiche (I) Reproduzieren, (II) Zusammenhänge herstellen oder (III) Verallgemeinern und Reflektieren zuweisen. Diese Unterscheidung ist notwendig, da beim Lösen mathematischer Aufgaben die Kompetenzen in unterschiedlicher Ausprägung und Intensität benötigt werden. Im Allgemeinen nehmen von Anforderungsbereich I bis III sowohl Anspruch als auch kognitive Komplexität der Problemstellungen zu. Diese Dimension fußt hauptsächlich auf die praktische Leistungsbewertung in Unterricht und Schule,

bei der die Verwendung unterschiedlicher Anforderungsniveaus (z. B. Repro-
duktion, Reorganisation und Transfer) zur besseren Vergleichbarkeit dezentraler
Prüfungsleistungen führte (vgl. vom Hofe et al., 2005).

Dieser strukturelle Aufbau der Bildungsstandards spiegelt das Zusammenspiel
mathematischer Inhalte bzw. fachlichen Wissens und inhaltsunabhängigen Fähigkeiten beim Lösungsprozess wider und trägt der Tatsache Rechnung,

> „dass Fächer nicht beliebige Wissenskonglomerate darstellen, son-
> dern sachlogische Systeme, die Schüler aktiv und konstruktiv erwer-
> ben müssen, wollen sie schwierige inhaltliche Phänomene und Prob-
> leme tiefgründig verstehen und soll zukünftiges Lernen durch Trans-
> ferprozesse erleichtert werden. (...) Um ein mathematisches Prob-
> lem, das in einem sozio-ökonomischen Kontext situiert ist, erfolg-
> reich zu lösen, braucht man das notwendige mathematische Wissen
> und zugleich die fächerübergreifenden Kompetenzen, um die Aufga-
> be aus dem übergeordneten sachlichen Zusammenhang überhaupt
> herauslösen und das Ergebnis sinnvoll für die Lösung des nicht-
> mathematischen Problems nutzen zu können" (Weinert, 2001, S. 27).

Um alltagsorientierte Problemstellungen in spezifischen Sachzusammenhängen
oder auch entsprechende Mathematik-Aufgaben aus dem Unterricht lösen zu
können, sind daher grundsätzlich mehrere Kompetenzen auf unterschiedlichen
Ebenen notwendig, die im Lösungsprozess eng miteinander verknüpft sind.

In diesem Zusammenhang kommt der prozessbezogenen Kompetenz des ma-
thematischen Modellierens eine besondere Bedeutung zu. Wie bereits bei den
Zielen der Längsschnittstudie PALMA deutlich wurde, steht der Begriff der
Modellierungskompetenz von Schülern im Fokus der Studie und wird daher im
Folgenden präzisiert und detaillierter betrachtet.

3.4 Modellierungskompetenz

Das Lösen kontextgebundener Problemstellungen mithilfe des mathematischen
Modellierens vollzieht sich in der Regel in mehreren aufeinander aufbauenden
und eng zusammenhängenden Schritten. Abbildung 3.2 stellt die einzelnen Stati-
onen und Phasen des zugehörigen Lösungs- bzw. Modellierungsprozesses vereinfacht schematisch und grafisch dar (vgl. Schupp, 1988).

Ausgangspunkt einer anwendungsorientierten Problemstellung ist eine *Situation* aus der *realen Welt*. Vor allem bei Sachaufgaben aus dem Mathematikunterricht werden komplexe Alltagssituationen bereits vereinfacht, idealisiert oder konkretisiert, sodass diese Situation nur noch einen Ausschnitt bzw. gewisse Aspekte der Realität enthält. In einem ersten Arbeitsschritt des *Mathematisierens* muss die Situation analysiert, abstrahiert und mit mathematischen Begriffen, Strukturen und Verfahren beschrieben werden. Durch diese Abstraktion wird ein Wechsel von der *realen Welt* in die *Mathematik* vollzogen und ein mathematisches *Modell* der Ausgangssituation erstellt. Das Modell enthält neben wichtigen und relevanten Daten auch Begriffe und mathematische Verfahren. Indem einzelne Berechnungen angestellt oder auch mehrschrittige Prozeduren bzw. Algorithmen abgearbeitet werden, lassen sich die Informationen des Modells *verarbeiten*. Diese Arbeitsphase ist dadurch gekennzeichnet, dass Schüler innerhalb der Fachsystematik und -sprache der Mathematik verbleiben, entsprechende Kalkül-Kompetenzen nutzen und auf das mathematische Modell anwenden. Dieser Schritt mündet in der Ermittlung mathematischer *Ergebnisse*. Während der Phase des *Interpretierens* wechseln die Lernenden von der mathematischen Ebene in die reale Welt, da die mathematischen Ergebnisse mit Blick auf die ursprüngliche, alltagsorientierte Aufgabenstellungen gedeutet werden müssen. Dadurch lassen sich *Konsequenzen* für das zu untersuchende Problem ableiten. In dem letzten Schritt des *Validierens* wird innerhalb der realen Welt zusätzlich überprüft, ob die gefolgerten Konsequenzen wirklich als Lösung für die anfängliche Sachsituation in Frage kommen und diese plausibel erscheinen.

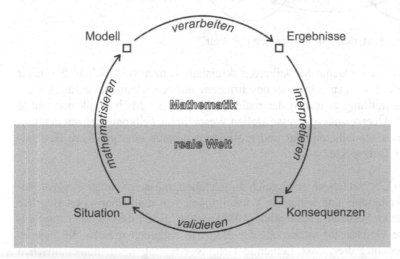

Abbildung 3.2: Mathematischer Modellbildungsprozess

Aus diesen Darstellungen werden zwei Charakteristika des Modellbildungspro-
zesses deutlich. Erstens ist er in seiner Struktur zyklisch aufgebaut und wird
daher auch als Modellierungskreislauf bezeichnet (vgl. Blum, 1996). Wird in der
Validierungsphase die Lösung des Ausgangsproblems als ungenügend oder un-
passend bewertet, ist ein erneutes Durchlaufen des beschriebenen Zyklus, beispielsweise mit einem anderen oder modifizierten mathematischen Modell, möglich. In entsprechend komplexen Aufgabenstellungen muss der Prozess mehr-
mals durchlaufen werden, wenn unterschiedliche Modelle miteinander verglichen werden sollen (vgl. Henn, 2002). Zweitens betont der Modellierungskreislauf Wechselbeziehungen zwischen den beiden disjunkten Ebenen der realen
Welt und der Mathematik. Zum einen muss die Situation adäquat mathematisiert
und aus dem Kontext herausgelöst werden, zum anderen ist es notwendig, die
gewonnenen mathematischen Ergebnisse wieder im Hinblick auf die Problemsi-
tuation zu interpretieren.

Auf das Zusammenspiel von Realität und Mathematik hat bereits Pollak
(1985) in seinen Ausführungen zur Modellierung im Sinne der angewandten
Mathematik hingewiesen und ein Bild von Mathematik und dem Rest der Welt
geprägt, wie es in Abbildung 3.3 illustriert wird.

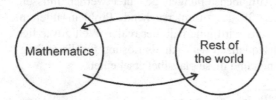

Abbildung 3.3: Mathematik und der Rest der Welt

Auch dieser vereinfachte Modellierungskreislauf konzentriert sich in ähnlicher
Weise wie der oben ausführlicher beschriebene auf zentrale mentale Tätigkeiten,
die zur Vermittlung zwischen der realen Welt und der Mathematik notwendig
sind. Diese Übersetzungsprozesse stellen wesentliche Teilkompetenzen des mathematischen Modellierens dar und motivieren deshalb eine genauere Betrachtung dieser Teilaspekte.

Um solche Übersetzungen erfolgreich zu gestalten, müssen Schüler ein grundle-
gendes Verständnis und adäquate Vorstellungen von mathematischen Begriffe
und Verfahren besitzen. Freudenthal (1983) fordert daher, dass Schüler tragfähige mentale Objekte für mathematische Begriffe aufbauen müssen. In anderen
Worten bedeutet dies, dass Lernende Grundvorstellungen zu mathematischen
Inhalten ausbilden müssen (vgl. vom Hofe, 1995). Diese Grundvorstellungen

fungieren als Vermittler zwischen der realen Welt und der Mathematik und können im Modellierungskreislauf wie in Abbildung 3.4 verortet werden.

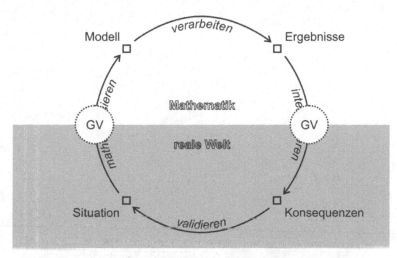

Abbildung 3.4: Modellierungskreislauf mit Grundvorstellungen (GV)

Da Grundvorstellungen mathematischer Inhalte eine tragende Rolle im Modellierungsprozess zukommen und diese einen entscheidenden Beitrag zum erfolgrei-
chen Gelingen bzw. Misslingen von Modellierungskompetenzen leisten, wird
das von vom Hofe (1995) entwickelte Konzept der Grundvorstellungen unter
Berücksichtigung weiterer kognitiver Konstrukte und Konzepte im folgenden
Kapitel detaillierter betrachtet.

4 Mentale Modelle mathematischer Inhalte

Wenn alltagsorientierte Probleme mithilfe mathematischer Begriffe, Strukturen und Verfahren gelöst werden sollen, müssen Übersetzungsprozesse zwischen der Ebene der realen Welt und der Ebene der Mathematik erfolgreich bewältigt werden. Die Teilschritte des Mathematisierens und Interpretierens innerhalb des Modellbildungskreislaufs (siehe S. 19) erfordern mentale Modelle und entsprechende Repräsentationen mathematischer Inhalte.

Zunächst wird das im deutschsprachigen Raum weit verbreitete Grundvorstellungskonzept beschrieben. Daran schließen sich Betrachtungen weiterer ausgewählter Konzepte im Bedeutungsfeld von Grundvorstellungen an, die vorrangig aus dem angloamerikanischen Sprachraum stammen.

4.1 Grundvorstellungen

Die Ursprünge des Begriffs *Grundvorstellung* und das damit verbundene Unterrichtskonzept *Ausbildung von Grundvorstellungen* liegen in der deutschen Rechenmethodik des 19. Jahrhunderts. Auf diese Anfänge und die historische Entwicklung des Begriffs in der deutschen Mathematikdidaktik sei auf vom Hofe (1995 und 1996a) verwiesen.

Der Grundvorstellungsgedanke wurde systematisch weiter entwickelt und basiert sowohl auf Erkenntnissen aus Theorie und Praxis als auch auf der psychologischen Fundierung durch die Arbeiten Piagets (1947, 1971 und 1978).

4.1.1 Begriffsbestimmung

Im Grundvorstellungskonzept von vom Hofe (1995) werden Grundvorstellungen als Objekte der Übersetzung zwischen Realität und Mathematik wie folgt verstanden:

> „Der Terminus 'Grundvorstellung' charakterisiert somit fundamentale mathematische Begriffe oder Verfahren und deren Deutungsmöglichkeiten in realen Situationen Er beschreibt damit Beziehungen zwischen mathematischen Strukturen, individuell-psychologischen Prozessen und realen Sachzusammenhängen oder kurz: *Beziehungen zwischen Mathematik, Individuum und Realität*" (vom Hofe, 1995, S. 98).

Allein aus dieser Wortbedeutung ergibt sich für Grundvorstellungen eine vermittelnde Funktion, sodass diese als kognitive Objekte der Vermittlung aufgefasst werden können, wie in Abbildung 4.1 schematisch dargestellt ist.

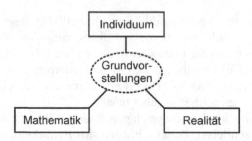

Abbildung 4.1: Vermittelnder Charakter von Grundvorstellungen

Bereits hier wird deutlich, dass Grundvorstellungen für inhaltliches Denken unabkömmlich sind. Ohne vermittelnde Grundvorstellungen stehen sich die Mathematik mit ihren abstrakten Begriffen, Strukturen und Verfahren und reale Sach- bzw. Anwendungszusammenhänge beziehungslos gegenüber (vgl. vom Hofe, 1996b).

4.1.2 Kernpunkte des Grundvorstellungskonzepts

Vom Hofe (2003) betont drei zentrale Kernpunkte des Konzepts der Grundvorstellungen.

1. *Mehrere* Grundvorstellungen zu einem mathematischen Begriff

Ein mathematischer Begriff kann im Allgemeinen nicht mit einer einzigen Grundvorstellung erfasst werden; vielmehr wird er durch die Vernetzung mehrerer, in Beziehung zueinander stehender Grundvorstellungen charakterisiert. Die Ausbildung von Grundvorstellungen in einem netzwerkartigen Beziehungsgeflecht wird auch als *Grundverständnis* des Begriffs bezeichnet (vgl. Oehl, 1970, S. 41).

Eine Addition kann beispielsweise mit der Grundvorstellung der *Vereinigung* (Carolin besitzt 3 €, Tim hat 4 €. Wie viel Euro haben beide zusammen?), des *Hinzufügens* (Carolin hat bereits 3 € und bekommt von ihrer Oma noch 4 € dazu. Wie viel Euro hat Carolin insgesamt?) oder der *Veränderung* (Tim bekommt von seinem Vater zuerst 3 € und später von seiner Mutter weitere 4 €. Wie viel Euro hat er insgesamt bekommen?) verbunden sein (vgl. Kirsch, 1997).

2. *Primäre* und *sekundäre* Grundvorstellungen

Man kann *primäre* von *sekundären Grundvorstellungen* unterscheiden. Erstere sind geprägt von konkreten und gegenständlichen Handlungserfahrungen aus der Vorschulzeit. Diese werden im Laufe des schulischen Mathematikunterrichts durch sekundäre Grundvorstellungen ergänzt, die auf mathematischen Darstellungsmitteln wie Zahlenstrahl oder Graphen basieren.

Während die Addition 3 + 4 mit realen Gegenständen wie Geldstücken oder Holzplättchen und entsprechenden Handlungen zum Aufbau primärer Grundvorstellungen durchgeführt werden kann, stehen z. B. in der Sekundarstufe I die Darstellung dieser Aufgabe mithilfe von Zahlenpfeilen am Zahlenstrahl im Vordergrund; damit werden sekundäre Grundvorstellungen ausgebildet.

3. *Dynamischer Charakter* von Grundvorstellungen

Mathematische Grundvorstellungen werden konstruktivistisch aufgefasst und sind demnach keine allgemein gültige oder statische Repräsentationen, sondern eine flexible Gruppierung kognitiver Strukturen. Dies impliziert, dass sich Grundvorstellungen im Laufe des Bildungsprozesses verändern, reorganisieren oder auch neu interpretieren lassen (vom Hofe et al., 2005).

> „Bei Grundvorstellungen ist also nicht an eine Kollektion von stabilen und ein für allemal validen gedanklichen Werkzeugen zu denken, sondern an die Ausbildung eines Netzwerks, das sich durch Erweiterung von alten und Zugewinn von neuen Vorstellungen zu einem immer leistungsfähigeren System mentaler mathematischer Modelle entwickelt" (vom Hofe et al., 2005, S. 276).

Dieses Phänomen lässt sich am Beispiel der Division verdeutlichen. Innerhalb der positiven natürlichen Zahlen $\mathbb{N}^+$ geht die Operation der Division mit der Verkleinerung einer Grundmenge einher. Diese Vorstellung des *Verkleinerns durch Division* muss jedoch nach der Zahlbereichserweiterung auf die positiven rationalen Zahlen $\mathbb{Q}^+$ überdacht und entsprechend revidiert werden, da z. B. der Term 5 : 0,7 ein Ergebnis liefert, das größer als 5 ist.

4.1.3 Ausbildung von Grundvorstellungen

Mathematische Grundvorstellungen können durch entsprechende didaktische Maßnahmen gezielt gefördert und der Ausbildungsprozess begleitet werden. Dabei sind folgende drei Gesichtspunkte zu beachten (vgl. vom Hofe, 1995; Blum, 1998).

☐ Bei der Erfassung eines neuen mathematischen Begriffs und dessen Sinnkon-
stituierung wird an bekannte Sach- oder Handlungszusammenhänge ange-
knüpft.

☐ Um den Begriff auf der Vorstellungsebene zu repräsentieren, werden genera-
lisierte mentale Modelle aufgebaut.

☐ Die mathematischen Begriffe lassen sich auf neue Sachsituationen anwenden,
wodurch Problemstellungen mit geeigneten mathematischen Strukturen beschrieben bzw. modelliert werden.

Diese drei Aspekte bauen direkt aufeinander auf: Die individuelle Sinnzuwei-
sung eines mathematischen Begriffs prägt entsprechende mentale Vorstellungen,
die ihrerseits Voraussetzungen für die Anwendung der zugrunde liegenden mathematischen Strukturen im Hinblick auf neue Sachzusammenhänge sind (vgl.
vom Hofe et al., 2005). Somit sind Grundvorstellungen nicht nur für die Sinn-
konstituierung, sondern auch für Modellierungsprozesse ausschlaggebend, denn
die

> „gleichen Grundvorstellungen, die bei der Einführung zur Gewin-
> nung der Einsicht führten, werden bei der Lösung von Sachaufgaben
> wieder wirksam" (Oehl, 1962, S. 103).

Ein positiver Entwicklungsverlauf im Hinblick auf das Ausbilden von Grundvorstellungen und damit auch auf die mathematische Begriffsbildung legt den
Grundstein für eine erfolgreiche mathematische Kompetenzentwicklung im Ganzen. In diesem Fall stehen mathematische Formalismen, Regeln und Verfahren
im Einklang mit einem leistungsfähigen System mentaler Modelle auf der Vorstellungsebene (vgl. vom Hofe et al., 2005).

Gelingt es den Schülern jedoch nicht, adäquate Grundvorstellungen zu mathematischen Inhalten aufzubauen, wird eine positive Kompetenzentwicklung
erschwert oder sogar verhindert (vgl. vom Hofe et al., 2005). Im Gegenzug etab-
lieren sich oft mental stabile Fehlvorstellungen, die in systematischen Fehlstrategien münden (vgl. Fischbein, Tirosh, Stavy & Oster, 1990).

Auch wenn die Entwicklung mathematischer Kompetenzen nicht immer op-
timal im Sinne des Lehrenden verläuft, lässt sich aus dem Grundvorstellungskonzept ein für die Unterrichtspraxis bedeutender Nutzen ableiten, wie er im
folgenden Kapitel aufgezeigt wird.

4.1.4 Didaktischer Nutzen von Grundvorstellungen

In Bezug auf das Mathematiklernen lassen sich Grundvorstellungen aus zwei unterschiedlichen Blickwinkeln betrachten, nämlich aus Sicht des Lehrers und aus der Perspektive eines Schülers.

Stellt man diese beiden Sichtweisen vergleichend gegenüber, lassen sich nützliche didaktische Maßnahmen für den Unterricht ableiten. Damit werden drei zentrale Gesichtspunkte von Grundvorstellungen (normativer, deskriptiver und konstruktiver Aspekt) beschrieben (vgl. vom Hofe, 1995 und 1996b).

1. Normativer Aspekt

Die normative Ebene von Grundvorstellungen beschreibt aus Sicht des Lehrers, was sich Schüler unter einem mathematischen Begriff idealerweise vorstellen sollen.

2. Deskriptiver Aspekt

Im deskriptiven Sinne beschreiben Grundvorstellungen, was sich einzelne Schüler tatsächlich unter einem mathematischen Begriff vorstellen (vgl. vom Hofe, 1995). Der normative Aspekt wird dadurch erweitert, sodass das Grundvorstellungskonzept dem Anspruch gerecht wird,

> „die Sinnkonstituierung nicht lediglich auf der Basis der Betrachtung typischer Sachzusammenhänge zu vollziehen, sondern einen Zugang zu den individuellen Sinnkonstituierungen der Schülerinnen und Schüler zu finden" (Vohns, 2005, S. 60).

Im Zentrum deskriptiver Analysen stehen also Denkstrategien, Erklärungsmuster und individuelle Vorstellungen (vgl. vom Hofe, 1995), die den Ist-Zustand von Grundvorstellungen seitens der Schüler widerspiegeln.

3. Konstruktiver Aspekt

Die Verbindung von normativen und deskriptiven Elementen erlaubt oft Erklärungen für individuelle Schülerlösungen. Aus einer möglichen Diskrepanz ergeben sich Ansatzpunkte für eine konstruktive Behebung von Verständnisschwierigkeiten oder Fehlvorstellungen (vgl. Hafner & vom Hofe, 2008). Darüber hinaus gilt es, der Verfestigung von Fehlvorstellungen und -strategien entgegenzutreten und die Ausbildung adäquater Grundvorstellungen konstruktiv zu unterstützen.

Wie bereits zu Beginn dieses Kapitels angekündigt, werden die ausführlichen Betrachtungen des Grundvorstellungskonzepts um zwei im englischsprachigen Raum verbreitete Konzepte ergänzt. Neben der kurzen Darstellung der Theorien, ihren Merkmalen und Eigenschaften werden abschließend Gemeinsamkeiten und Unterschiede im Vergleich zu mathematischen Grundvorstellungen herausgestellt.

4.2 Concept image und concept definition

4.2.1 Begriffsbestimmung

Die Theorie des *concept image* und der *concept definition* basiert auf den Arbeiten von Vinner & Hershkowitz (1980) sowie Tall & Vinner (1981). Sie wurde motiviert durch die Suche nach einem Erklärungsansatz dafür, dass Schüler in ihren Überlegungen und Begründungen oft Eigenschaften mathematischer Begriffe und Konzepte verwenden, die nicht im voran gegangenen Mathematikunterricht thematisiert wurden (vgl. Thompson, 1994a). Auch wenn die Theorie ursprünglich in Forschungszusammenhängen mit der *höheren Mathematik*, etwa mit dem Grenzwertbegriff (vgl. Davis & Vinner, 1986), verwendet wurde, fand sie ihre Anwendung ebenso in mathematischen Inhalten der Grundschule und Sekundarstufe I wie z. B. der Zahlbegriffsentwicklung (vgl. Gray, Pitta & Tall, 2000).

Unter *concept image* versteht man die gesamte kognitive Struktur eines Individuums, die sie mit einem mathematischen Konzept verbindet (vgl. Tall & Vinner, 1981). Es beinhaltet neben Beispielen, mentalen Bildern, kognitiven Repräsentationen, zugehörigen Eigenschaften und Verfahren auch mathematische Symbole und Zeichen- bzw. Wortketten (vgl. Vinner & Dreyfus, 1989).

In Ergänzung dazu besteht die *concept definition* aus einer Abfolge von Wörtern oder Symbolen, um einen mathematischen Begriff zu definieren.

Zum einen kann die *concept definition* Vorstellungen generieren, die der Schüler in das *concept image* integriert, zum anderen kann sich aus einem *concept image* eine *concept definition* herauskristallisieren (vgl. Tall & Vinner, 1981).

4.2.2 Merkmale und Eigenschaften

Jede Person bildet ihr eigenes *concept image* zu einem mathematischen Begriff über einen längeren Zeitraum durch eine Vielzahl von Erfahrungen sowohl in Schule und Unterricht als auch im alltäglichen Leben aus. Bei diesen mentalen Objekten handelt es sich um dynamische, variierende und individuelle Vorstellungen bzw. Repräsentationen, die einer ständigen Entwicklung unterworfen sind. Beide Konzepte können aus fachmathematischer bzw. mathematikdidaktischer Sicht richtige oder falsche Informationen enthalten; diese können außerdem unvollständig, beschränkend, gegensätzlich oder widersprüchlich sein (vgl. Tall & Vinner, 1981).

Die einschränkende Vorstellung „Es gibt nur Prozentsätze von 0 % bis 100 %" kann, genauso wie eine falsche, individuelle *concept definition*, den Lösungsprozess einer Aufgabe beeinflussen.

Tall & Vinner (1981) gehen davon aus, dass ein Schüler beim Lösen einer Mathematikaufgabe vermutlich nie sein vollständiges *concept image*, sondern nur entsprechende Teile abruft. Sie bezeichnen daher den Wissensstand eines bestimmten Schülers zu einem bestimmten Zeitpunkt bei einer bestimmten Aufgabe als das *evoked concept image* („*wachgerufenes*" *concept image*) und bringen damit auch zum Ausdruck, dass ein *concept image* in seiner Gesamtheit schwer zu erfassen ist. Darin ist auch ein Grund zu sehen, warum widersprüchliche Informationen und Vorstellungen innerhalb eines *concept image* bei einem Individuum über einen längeren Zeitraum bestehen bleiben können. Ein möglicher Konflikt kommt nämlich erst zu Tage, wenn diese widersprüchlichen Angaben gleichzeitig abgerufen werden.

Die begriffliche und inhaltliche Trennung von *concept image* und *concept definition* erweist sich v. a. dahingehend als sinnvoll, dass damit inkonsistente Verhaltensmuster bei Definitionsabfragen und der Lösung entsprechender Mathematikaufgaben erklärt werden können (vgl. Vinner & Dreyfus, 1989). Dieses Problem ergibt sich vorrangig aus fehlenden Beziehungen und Verbindungen zwischen den beiden Konzepten. Dieses Phänomen ist bei Schülern besonders dann zu beobachten, wenn abstrakte Definitionen an den Anfang von Lerneinheiten gestellt werden und den Ausgangspunkt für weiteres Lernen darstellen.

> „Concept definitions (where the concept was introduced by means of a definition) will remain inactive or even will be forgotten. In thinking, almost always the concept image will be evoked" (Vinner, 1983, S. 293).

Daher sollte es Ziel des Unterrichts sein, den Aufbau des *concept image* durch typische Beispiele von Beginn der Unterrichtssequenzen an zu fördern, um daraus eine *concept definition* zu erschließen (vgl. Vinner, 1983).

Bei der Ausbildung und Entwicklung eines *concept image* bzw. der *concept definition* eines mathematischen Begriffs misst Vinner (1992) dem Unterrichtenden eine beutende Rolle bei. Beabsichtigt oder unbeabsichtigt regt der Lehrer durch Unterrichtsmethoden und eingesetzte Lernmittel Verbindungen und Vorstellungen zu mathematischen Inhalten an, die seine Schüler als angemessen wahrnehmen und entsprechende kognitive Objekte und Assoziationen generieren.

> „With a given textbook and a given teaching, one can predict the outcoming concept images and can predict also the results of cognitive tasks posed to the students" (Vinner, 1992, S. 30).

Der Einfluss von unterschiedlichen *concept images* auf die Leistungen bei entsprechenden Testaufgaben wurde insbesondere von Kendal & Stacey (2001) nachgewiesen.

Außerdem dokumentieren empirische Untersuchungen, dass sich *concept images* bei Personen unterschiedlicher Berufsfeldschwerpunkte in ihren Grundzügen wesentlich unterscheiden (vgl. Maull & Berry, 2000). Beispielsweise bauen Mathematikstudenten im Vergleich zu Studierenden eines Ingenieurstudiengangs qualitativ unterschiedliche *concept images* zum Ableitungsbegriff auf (vgl. Bingolbali & Monaghan, 2008).

4.2.3 Bezug zu mathematischen Grundvorstellungen

Sowohl beim *concept image* als auch bei *Grundvorstellungen* handelt es ich um mentale Repräsentationen mathematischer Begriffe oder Konzepte, die konstruktivistisch aufgefasst und daher als dynamische Objekte angesehen werden. Diese werden individuell durch Erfahrungen aufgebaut und sind Prozessen der Integration neuer Informationen und Reorganisation vorhandener Strukturen ausgesetzt.

Da das *concept image* eines Schülers seine mentalen Repräsentationen zu einem mathematischen Begriff beschreibt, deckt es sich großteils mit dem deskriptiven Aspekt von Grundvorstellungen, also mit den Vorstellungen, die ein Schüler tatsächlich ausgebildet hat. Während sich Grundvorstellungen vorrangig auf den Kern mathematischer Inhalte und auf mentale Übersetzungtätigkeiten (zwischen Realität und Mathematik oder auch unterschiedlichen Darstellungsformen innerhalb der Mathematik) beziehen, erfasst das *concept image* die Gesamtheit kognitiver Strukturen. Somit ist ein *concept image* vom Informationsgehalt umfassender und enthält die Informationen der Grundvorstellungen.

Beide Theorien messen dem Lehrenden und seinem didaktischen Handeln eine wichtige Rolle in Bezug auf das Ausbilden mentaler Repräsentationen mathematischer Inhalte bei. Auch wenn der Lehrer Vorstellungen beim Schüler nicht direkt generieren und beeinflussen kann, liegt es in seinem didaktischen Handeln, auf den Prozess des Ausbildens von Grundvorstellungen einzuwirken. Durch entsprechende Maßnahmen kann der Unterrichtende den Aufbau bestimmter Vorstellungen anregen und unterstützen. Dieser Einfluss des Unterrichtens auf kognitive Strukturen wurde im Rahmen der Theorie um *concept image* und *concept definition* empirisch bestätigt (vgl. Bingolbali & Monaghan, 2008).

Die bisher dargestellten Theorien sehen in mentalen Repräsentationen dynamische und veränderbare Objekte, machen aber zu den Prozessen der Anpassung und Integration neuer Inhalte bzw. Reorganisation vorhandener Strukturen kaum detaillierte Aussagen. Daher wird abschließend das Konstrukt *conceptual change* vorgestellt, das seinen Fokus auf diese Entwicklungsvorgänge richtet.

4.3   Conceptual change

4.3.1   Begriffsbestimmung

Der Terminus *conceptual change* geht sowohl auf Forschungsarbeiten der Kognitionspsychologie als auch der Didaktiken der Naturwissenschaften zurück (vgl. Vosniadou, 1999) und hat seine Wurzeln in der Entwicklungstheorie von Piaget (vgl. Duit & Treagust, 2003). Seit den 1970er Jahren wird der Begriff *conceptual change* bzw. *Konzeptwechsel* in der Literatur in unterschiedlicher Bedeutung gebraucht (vgl. Duit, 1996). Im Rahmen der vorliegenden Arbeit wird er im Sinne der Arbeiten von Schnotz (1998), Duit (1999a, 1999b) und Stark (2003) folgendermaßen verstanden:

> „Kurz zusammengefaßt steht Konzeptwechsel (conceptual change) für Lernprozesse in Bereichen, in denen die vorunterrichtlichen Vorstellungen (...) und die zu lernenden wissenschaftlichen Vorstellungen in gänzlich unterschiedlichen Rahmenvorstellungen eingebettet sind. Aus kognitionspsychologischer Sicht würde man davon reden, daß die vorunterrichtliche kognitive Struktur grundlegend umgestaltet werden muß, daß es also beim Lernen bestimmter Inhalte nicht mit einer einfachen Erweiterung des bestehenden kognitiven Netzwerkes getan ist" (Duit, 1999b, S. 1).

Diese Theorie befasst sich also mit notwendigen Änderungen vorhandener, kognitiver Strukturen und Konzepte, und zwar von einem intuitiven Alltagsverständnis hin zu einem wissenschaftlichen und fachlich orientierten Verständnis entsprechender Begriffe oder Phänomene.

Dies wird besonders deutlich, wenn man berücksichtigt, dass Kinder oft Wissen über einen Sachverhalt in außerunterrichtlichen Aktivitäten erworben haben. Stellt sich jedoch zu einem späteren Zeitpunkt heraus, dass sich dieses Wissen als inadäquat erweist, so ist ein *Umlernen* seitens des Schülers erforderlich (vgl. Schnotz, 1998).

Auch wenn die meisten Untersuchungen zu *conceptual change* in den Naturwissenschaften wie Physik und Biologie durchgeführt wurden (vgl. Shuell, 1996), existieren mittlerweile einige erfolgversprechende Studien in Bezug auf das Mathematiklernen (vgl. Merenluoto & Lehtinen, 2000; Merenluoto, 2003; Vamvakoussi & Vosniadou, 2004).

4.3.2 Bedeutung für die Mathematikdidaktik

Die Theorie des Konzeptwechsels beleuchtet zwei bedeutende Aspekte im Hinblick auf das Lernen im Fach Mathematik, die (1) das Vorwissen und ein daraus resultierendes Konfliktpotential und (2) Erklärungen für Schwierigkeiten beim Mathematiklernen betreffen.

Beim Wissenserwerb spielt das Vorwissen eine zentrale Rolle, da neue Informationen mit bereits vorhandenen kognitiven Repräsentationen in Bezug gesetzt werden und ggf. inadäquate Strukturen grundlegend verändert werden müssen (vgl. Schnotz, 1998). Dies gilt nicht nur für Wissen aus vorschulischen Erfahrungen, sondern auch für erlernte Fähigkeiten und Kompetenzen im Laufe der Schulzeit, z. B. aus der Grundschule, die ihrerseits die Basis für weiteres Lernen darstellen.

Besonders problematisch ist es, wenn sich Vorwissen und neu zu lernende Inhalte widersprechen (vgl. Vosniadou, Ioannides, Dimitrakopoulou & Papademetriou, 2001). Anstatt bestehende Wissensstrukturen fundamental zu ändern, vermeiden Schüler diese mentalen Konflikte oft dadurch, dass sie die neuen Informationen an bereits vorhandene Vorstellungen angleichen. Diese Mischung aus intuitivem und vom Lehrer intendiertem Wissen führt jedoch zu Fehlkonzepten, die der Schüler als solche meist nicht wahrnimmt (vgl. Schnotz, 1998).

Auch wenn im Rahmen der Instruktionspsychologie Vorschläge erarbeitet und erprobt wurden, wie radikale Veränderungen mentaler Strukturen herbeigeführt werden können (vgl. Posner, Strike, Hewson & Gertzog, 1982; Strike & Posner, 1992), haben andere Untersuchungen folgendes gezeigt:

> „The most characteristic results in these studies were the resistant na-
> ture of students' prior knowledge, and the fact that the students' dif-
> ficulties primary seemed to be due to the quality of prior knowledge
> of the student than to the complexity of the concept to be learned"
> (Merenluoto, 2003, S. 285).

Da unzureichende Alltagskonzepte meist sehr langlebig sind, finden sie selbst nach langjährigem, systematischem Unterricht weiter Anwendung in entsprechenden Kontexten (vgl. Schnotz, 1998).

In diesem Zusammenhang eignet sich die Theorie *conceptual change* zur Beschreibung und Erklärung von Lernschwierigkeiten beim Mathematiklernen (vgl. Merenluoto & Lehtinen, 2000, S. 3). Am Beispiel der Zahlbereichserweiterung konnten problematische Lernverläufe sowie Schwierigkeiten beim Wissenserwerb erklärt werden, wobei intuitive Vorstellungen bzw. Inhalte aus anderen elementaren mathematischen Bereichen als Fehler verursachende Indikatoren identifiziert werden konnten (vgl. Vamvakoussi & Vosniadou, 2004). Unzureichende Vorstellungen und Fehlkonzepte behindern also nicht nur den Lösungsprozess, sondern können ebenso als Vorwissen den Lernfortschritt und die entsprechende Kompetenzentwicklung hemmen oder negativ beeinflussen (vgl. Mandl, Gruber & Renkl, 1993)

4.3.3 Beziehungen zum das Grundvorstellungskonzept

Individuelle mathematische Konzepte seitens der Schüler sind permanenten Reorganisationsprozessen ausgesetzt. *Conceptual change* beschreibt Umbrüche von vorhandenen zu erwünschten mentalen Strukturen und steht damit eng in Beziehung mit dem Prozess des Ausbildens von Grundvorstellungen (vgl. Wartha, 2007, S. 39).

Gerade wenn es Lernenden nicht gelingt, sach- und fachadäquate Grundvorstellungen aufzubauen, können sich individuelle Vorstellungen und Fehlvorstellungen zu wiederholten und fehlerhaften Schlussfolgerungen und damit zu systematischen Fehlstrategien verfestigen. Die notwendige Überführung solcher Fehlvorstellungen zu tragfähigen Grundvorstellungen kann mithilfe des *conceptual change* im Sinne eines Umlernens beschrieben werden und erweist sich daher als Teilaspekt des Ausbildens von Grundvorstellungen.

Existierende Diskrepanzen zwischen vorhandenen und fachwissenschaftlich erwünschten Vorstellungen werden im Rahmen der *conceptual change*-Theorie nicht als individuelle Defizite, sondern als typische und notwendige Stufen der Reorganisation aufgefasst (vgl. Duit, 1999a; Prediger, 2006). Insofern ist das Grundvorstellungskonzept mit seinem deskriptiven Ansatz allgemeiner gefasst.

Darüber hinaus betonen beide Theorien die Rolle und Bedeutung des Vorwissens im Lernprozess. Während beim Aufbau von Grundvorstellungen gefordert wird, an vorhandene Wissensstrukturen der Schüler anzuknüpfen, zeigen Untersuchungen zu *conceptual change*, dass dieses Vorwissen eine beschränkende Wirkung auf die Entwicklung mathematischer Kompetenzen haben kann. Damit wird deutlich, dass die Einbeziehung von Vorwissen alleine nicht genügt, um adäquate Grundvorstellungen aufzubauen. Vielmehr müssen die tatsächlichen Veränderungsprozesse durch den Lehrer unterstützt werden.

Abschließend lassen sich folgende Parallelen von *conceptual change* und dem Grundvorstellungskonzept zusammenfassen. Bei beiden Theorien steht der Übergang von primären zu sekundären Vorstellungen im Fokus der Kompetenzentwicklung. Dabei stellen Grundvorstellungsumbrüche und die Übertragung intuitiver Annahmen (z. B. aus $\mathbb{N}$) auf neue Bereiche (z. B. in $\mathbb{Q}$) im Sinne einer Übergeneralisierung besondere Lernschwierigkeiten, -hürden und Fehlerquellen im Lernprozess dar (vgl. Wartha, 2007, S. 39).

Aus der bislang theoretischen Beschreibung mentaler Modelle mathematischer Inhalte ist keine inhaltliche Konkretisierung in Bezug auf die curricularen Kernbereiche *Proportionalität* und *Prozentrechnung* erkennbar. Daher erfolgt im folgenden Kapitel zunächst eine kurze stoffdidaktische Sachanalyse, aus der sich Grundvorstellungen zu diesen Inhalten ableiten lassen. Ebenso werden die während der PALMA-Untersuchung geltenden Lehrpläne gegenübergestellt.

5 Proportionalität und Prozentrechnung

Unumstritten zählen national und international die kerncurricularen Bereiche Proportionalität und Prozentrechnung zu den wichtigsten alltagsrelevanten Themen des Mathematikunterrichts. Der *National Council of Teachers of Mathematics* weist ausdrücklich darauf hin, dass

> „[reasoning proportionally] is of such great importance that it merits whatever time and effort must be expended to assure its careful development" (NCTM, 1989, S. 82).

Daher wurden auch bei PALMA die Inhaltsbereiche Proportionalität und Prozentrechnung entsprechend berücksichtigt und sind Gegenstand dieser Arbeit.

5.1 Proportionalität

5.1.1 Grundvorstellungen proportionaler Zuordnungen

In seiner *Analyse der sogenannten Schlußrechnung* stellt Kirsch (1969) die Wesensmerkmale proportionaler Zuordnungen aus fachmathematischer und -didaktischer Sicht heraus. Ausgehend von zwei bürgerlichen Größenbereichen G1 und G2 (zu den Begriffen Größe und Größenbereich siehe Griesel, 1997) und einer injektiven Abbildung φ: G1 → G2 wird die Abbildung φ genau dann als proportionale Zuordnung bezeichnet, wenn sie eine – und damit auch alle anderen – der folgenden, logisch äquivalenten charakteristischen Eigenschaften erfüllt (vgl. Kirsch, 1969).

□ Vervielfachungseigenschaft
$\varphi(q \cdot A) = q \cdot \varphi(A)$ $\forall q \in \mathbb{Q}^+, \forall A \in G1$

□ Additionseigenschaft
$\varphi(A + B) = \varphi(A) + \varphi(B)$ $\forall A, B \in G1$
Entsprechendes gilt für die Subtraktion.

□ Proportionalität
$\varphi(A) = k \cdot A$ $\forall A \in G1$
Die Konstante $k \in \mathbb{Q}^+$ wird als Proportionalitätsfaktor oder -konstante bezeichnet.

□ Quotientengleichheit
$$\frac{\varphi(A)}{A} = k = \text{const.} \qquad \forall A \in G1$$
Dabei ist $k \in \mathbb{Q}^+$ die Proportionalitätskonstante.

□ Verhältnisgleichheit
$$\varphi(A) : \varphi(B) = A : B \qquad \forall A, B \in G1$$

Aus den Eigenschaften proportionaler Zuordnungen lassen sich entsprechende Grundvorstellungen ableiten (vgl. Blum & vom Hofe, 2003; Jordan, 2006, S. 25f). Dabei handelt es sich um Grundvorstellungen sekundärer Art im Sinne abstrahierter Handlungsvorstellungen, die nicht wie primäre Grundvorstellungen auf reale Handlungen bzw. Gegenstände bezogen sind, sondern an Anschauungsmittel wie z. B. der Tabelle gebunden sind. Die Grundvorstellungen zur Proportionalität werden im Folgenden kurz beschrieben und durch ein typisches Beispiel in tabellarischer Darstellung charakterisiert.

□ **Vervielfachungsvorstellung**

Menge (in kg)	Preis (in €)
1,5	2,70
3	5,40

Verdoppelt man die Ausgangsgröße, so muss man auch die zugeordnete Größe verdoppeln. ($\cdot 2$ ... $\cdot 2$)

□ **Additionsvorstellung**

Menge (in kg)	Preis (in €)
1,5	2,70
0,5	0,90
2	3,60

Addiert man zwei Ausgangsgrößen, so muss man auch die zugeordneten Größen addieren.

□ **Proportionalitätsvorstellung**

Menge (in kg)	Preis (in €)
1 $\xrightarrow{\cdot 1,8 \frac{€}{kg}}$	1,80
4 $\xrightarrow{\cdot 1,8 \frac{€}{kg}}$	7,20

Multipliziere die Ausgangsgröße mit dem Proportionalitätsfaktor. Man erhält die zugeordnete Größe.

☐ **Quotientenvorstellung**

Dividiert man die zugeordnete Größe durch die Ausgangsgröße, so erhält man immer denselben Wert.

Menge (in kg)	Preis (in €)	$\frac{\text{Preis}}{\text{Menge}}$ in $\frac{€}{kg}$
6	10,80	1,8
2	3,60	1,8

☐ **Verhältnisvorstellung**

Dividiert man zwei zugeordnete Größen und die beiden Ausgangsgrößen, so erhält man dieselbe Zahl.

Menge (in kg)	Preis (in €)
10	18,00
5	9,00

2   2

5.1.2 Lösungsstrategien

Eng mit den entsprechenden Vorstellungen hängen mögliche Lösungsverfahren zusammen, die von Schülern herangezogen werden können. Neben der Beschreibung allgemeiner Charakteristika werden auch entsprechende Beispiellösungen notiert.

☐ **Klassischer Dreisatz**

Ausgehend von einer Zuordnung zweier Größen schließt man mittels Vervielfachungseigenschaft auf die Einheit und von dieser auf die gesuchte Vielheit. Je nach Situation sind auch andere Zwischengrößen möglich.

Dieses Verfahren zeichnet sich dadurch aus, dass sich sowohl Zuordnungs- als auch Kovariationsaspekt in der Lösung widerspiegeln.

:1,5   1,5 kg ≙ 2,70 €   :1,5

·3   1,0 kg ≙ 1,80 €   ·3

        3,0 kg ≙ 5,40 €

☐ **Individueller Dreisatz**

Beim individuellen Dreisatz wird im Rahmen der multiplikativen und additiven Proportionalitätsgesetze argumentiert.

$$\cdot 3 \Big\downarrow \begin{array}{l} 1{,}5 \text{ kg} \;\hat{=}\; 2{,}70\text{ €} \\ 4{,}5 \text{ kg} \;\hat{=}\; 8{,}10\text{ €} \end{array} \Big\downarrow \cdot 3$$

$$(1{,}5 + 4{,}5)\text{ kg} \;\hat{=}\; (2{,}70 + 8{,}10)\text{ €}$$
$$6{,}0\text{ kg} \;\hat{=}\; 10{,}80\text{ €}$$

☐ **Operatormethode**

Zentrales Merkmal dieses Verfahrens ist die Interpretation des Proportionalitätsfaktors als ein auf die Ausgangsgröße wirkender Operator.

$$4\text{ kg} \xrightarrow{\;\cdot 1{,}8\,\frac{€}{kg}\;} x$$

$$x = 4 \cdot 1{,}8\text{ €} = 7{,}20\text{ €}$$

☐ **Bruch- / Verhältnisgleichung**

Zum einen ist der Wert des Quotienten aus zugeordneter Größe und Ausgangsgröße für alle Zahlenpaare gleich, zum anderen ist der Quotient zweier Ausgangsgrößen gleich dem Quotienten der zugeordneten Größen.
Nutzen Schüler die Quotienten- oder Verhältnisgleichheit proportionaler Zuordnungen aus, so können sie Bruchgleichungen (entweder mit dimensionsbehafteten oder dimensionslosen Quotienten entsprechender Zahlenpaare) aufstellen und anschließend lösen.

$$\frac{10{,}80\text{ €}}{6\text{ kg}} = \frac{x}{2\text{ kg}}$$

$$x = \frac{10{,}80\text{ €} \cdot 2\text{ kg}}{6\text{ kg}} = 3{,}60\text{ €}$$

$$\frac{x}{10{,}80\text{ €}} = \frac{2\text{ kg}}{6\text{ kg}}$$

$$x = \frac{2 \cdot 10{,}80\text{ €}}{6} = 3{,}60\text{ €}$$

Allein aus diesem kurzen Überblick wird ersichtlich, dass Schülern zur Lösung von Aufgaben mit zugrunde liegendem proportionalem Zusammenhang eine Vielfalt an verschiedenen Lösungsmöglichkeiten zur Verfügung steht. Welches Verfahren für welche Aufgabe am geeignetsten oder am sinnvollsten ist, kann nicht generell bestimmt werden. Die Auswahl des Lösungsverfahrens hängt in der Regel von der konkreten Aufgabe, ihrer Struktur, dem Zahlenmaterial und auch von individuellen Präferenzen der Schüler ab.

Die Analysen von Kirsch zeigen, dass die unterschiedlichen Vorstellungen eng miteinander verknüpft sind und lediglich verschiedene Aspekte betonen. In ähnlicher Weise wies bereits Lietzmann (1916) auf die vielfältigen Lösungsmöglichkeiten bei entsprechenden Sachaufgaben hin. Im Rahmen seiner Ausführungen zur *Regeldetri* geht er vor allem auf die Verfahren des klassischen Dreisatzes (*Schlußverfahren*), des individuellen Dreisatzes (*welsche Praktik*) und der Verhältnisgleichungen (*Proportionsmethode*) ein. Hinsichtlich eines verständnisvollen Umgangs mit diesen Lösungsstrategien betont Lietzmann, dass es

> „weit wichtiger [ist], daß der Schüler überlegend zum Ziel kommt, als daß er mechanisch nach eingeübten Regeln operiert" (Lietzmann, 1916, S. 60).

Auf die detaillierte Zusammenstellung der Eigenschaften und Grundvorstellungen der Antiproportionalität sei an dieser Stelle verzichtet, da sie sich in analoger Weise – abgesehen von der Additionseigenschaft – ableiten lassen. Näheres hierzu findet sich in Kirsch (1969) und Blum & vom Hofe (2003).

5.2 Prozentrechnung

5.2.1 Grundvorstellungen zur Prozentrechnung

Die Prozentrechnung kann zwar gerade wegen ihrer langen historischen Entwicklung als eigenständiges Themengebiet der Mathematik angesehen werden, sie kann aber auch als Anwendung der Bruchrechnung oder auch als Teilgebiet der Proportionalität aufgefasst werden. Dies spiegelt sich unter anderem in den unterschiedlichen Auffassungen von Prozentangaben und den zugehörigen Grundvorstellungen (vgl. Blum & vom Hofe, 2003; Kleine, 2004, S. 43f) wider.

☐ **Von-Hundert-Vorstellung**

Diese Vorstellung basiert auf der ursprünglichen Wortbedeutung des %-Zeichens im Sinne von pro/je hundert. Demnach stellt man sich vor, eine Grundmenge G bestehe aus lauter Teilen zu je 100 Einheiten. Unter dem Anteil p % von G versteht man p Einheiten von jedem dieser 100er-Päckchen. Dieser Sichtweise von Prozentsätzen liegt die Verhältnis-Vorstellung von Brüchen zugrunde (vgl. Hefendehl-Hebeker, 1996).

☐ **Hundertstel- oder Prozentoperator-Vorstellung**

Im Rahmen der Hundertstel-Auffassung des Prozentbegriffs wird der Anteil p % als Bruch $\frac{p}{100}$ interpretiert. Dieser kann wiederum als multiplikativer Operator aufgefasst werden, der auf eine Bezugsgröße G bezogen ist. Der Prozentwert entspricht also dem $\frac{p}{100}$-fachen des Grundwerts G.

☐ **Bedarfseinheitenvorstellung oder quasikardinale Vorstellung**

Für die Bedarfseinheiten-Auffassung spielen Zuordnungen zwischen Größenbereichen eine zentrale Rolle: durch die Bedarfseinheiten-Vorstellung des Prozentbegriffes wird ein fiktiver bürgerlicher Größenbereich, nämlich die Menge aller positiven Brüche mit der Benennung %, geschaffen (vgl. Griesel, 1981; Kirsch, 2002). Damit lassen sich eindeutige Zuordnungen zwischen diesen Größenbereichen derart herstellen, dass die Größe 100 % dem Bezugswert bzw. dem Grundwert G entspricht. 1 % entspricht demnach dem hundertsten Teil von G.

Ein Unterschied zur von-Hundert-Vorstellung besteht vor allem darin, dass man G hier gedanklich in 100 gleich große Teile zerlegt, unabhängig davon, ob dies in der entsprechenden Sachsituation wirklich möglich ist.

5.2.2 Lösungsstrategien bei den Grundaufgaben

Ausgehend von diesen Vorstellungen ergeben sich Lösungsverfahren zur Bestimmung der fehlenden Größen Grundwert (G), Prozentwert (P) oder Prozentsatz (p %). Dabei werden die drei Grundaufgaben *(G 1) Prozentwert gesucht*, *(G 2) Grundwert gesucht* und *(G 3) Prozentsatz gesucht* unterschieden.

Die folgenden Beispiellösungen beziehen sich mit G = 210 € und p % = 15 % auf den ersten Grundaufgabentyp.

☐ **Operatormethode**

Der Prozentsatz p % wird erstens als Hundertstelbruch und zweitens als multiplikative Rechenanweisung verstanden.

$$210 \text{ €} \xrightarrow{\frac{15}{100}} P$$

$$P = 210 \text{ €} \cdot \frac{15}{100} = 31{,}50 \text{ €}$$

Die Anteilsoperation kann auch in zwei Teiloperationen zerlegt werden.

$$P = (210 \text{ €} : 100) \cdot 15 = 31{,}50 \text{ €}$$
$$P = (210 \text{ €} \cdot 15) : 100 = 31{,}50 \text{ €}$$

□ **Klassischer Dreisatz**

Beim klassischen Dreisatzverfahren
wird eine Zuordnung zwischen dem
fiktiven bürgerlichen Größenbereich der Prozente und einem bürgerlichen Größenbereich festgelegt.
Mittels Kovariationsvorstellung
kann auf jede beliebige Größe ge-
schlossen werden. Damit wird bei
dieser Lösungsmethode sowohl der
Zuordnungsaspekt als auch der
Kovariationsaspekt funktionaler
Beziehungen berücksichtigt.

$$
\begin{array}{ccc}
 & 100\,\% & \triangleq & 210\,\text{€} \\
:100 & & & \\
 & 1\,\% & \triangleq & 2{,}10\,\text{€} \\
\cdot 15 & & & \\
 & 15\,\% & \triangleq & 31{,}50\,\text{€}
\end{array}
$$

$:100 \qquad \cdot 15$

□ **Individueller Dreisatz**

Durch die Auffassung der Prozente
als eigenen Größenbereich kann mit
Prozentsätzen ähnlich wie mit anderen Größen gerechnet werden; so
gehört beispielsweise zur Summe
zweier Prozentsätze die entsprechende Summe der zugeordneten
Größen.

$$
\begin{array}{ccc}
 & 100\,\% & \triangleq & 210\,\text{€} \\
:10 & & & :10 \\
 & 10\,\% & \triangleq & 21\,\text{€} \\
:2 & & & :2 \\
 & 5\,\% & \triangleq & 10{,}50\,\text{€} \\
 & 10\,\% + 5\,\% & \triangleq & 21\,\text{€} + 10{,}50\,\text{€} \\
 & 15\,\% & \triangleq & 31{,}50\,\text{€}
\end{array}
$$

□ **Bruch- / Verhältnisgleichung**

Analog zu den Lösungsverfahren
bei der Proportionalität lassen sich
auch hier Bruchgleichungen entweder basierend auf wertgleichen
Quotienten unterschiedlicher Größenbereiche oder wertgleichen Verhältnissen ableiten.

$$\frac{210\,\text{€}}{100\,\%} = \frac{x}{15\,\%}$$

$$x = \frac{210\,\text{€} \cdot 15\,\%}{100\,\%} = 31{,}50\,\text{€}$$

$$\frac{x}{210\,\text{€}} = \frac{15\,\%}{100\,\%}$$

$$x = \frac{15 \cdot 210\,\text{€}}{100} = 31{,}50\,\text{€}$$

□ **Prozentformeln**

Aus den bislang genannten Lösungsmethoden kann – wie es in
den meisten Schulbüchern der Fall
ist – je eine für jede der Grundaufgaben spezifische Prozentformel
hergeleitet werden, die sich durch
Äquivalenzumformung ineinander
überführen lassen. Dabei ist zu beachten, dass meist p und nicht p %
als Prozentsatz bezeichnet wird.

$$(1) \quad P = \frac{p \cdot G}{100}$$

$$(2) \quad G = \frac{P \cdot 100}{p}$$

$$(3) \quad p = \frac{P \cdot 100}{G}$$

$$P = \frac{15 \cdot 210\,€}{100} = 31,50\,€$$

Unabhängig davon, welches Lösungsverfahren bei einer Aufgabe herangezogen
wird, müssen letztlich dieselben Teiloperationen – teilweise nur in unterschiedlicher Reihenfolge – durchgeführt werden. Dies bringt zum Ausdruck, dass die
Lösungsmethoden zwar in ihrem Grundansatz verschieden, aber auch eng miteinander verknüpft sind.

5.2.3 Vermehrter und verminderter Grundwert

Im vorangegangenen Abschnitt wurden die Beziehungen zwischen Grundwert
(G), Prozentwert (P) und Prozentsatz (p %) im Rahmen der drei Grundaufgaben
herausgestellt. Gerade in vielen Alltagssituationen sind jedoch die Werte resul-
tierend aus (1) $G + P$ und (2) $G - P$ von größerer Bedeutung.

zu (1): $G^+ = G + P$

Wird, wie z. B. bei der Mehrwertsteuer, eine Größe G um p % vergrößert, so
interessiert man sich i. d. R. für den sogenannten vermehrten Grundwert
$G^+ = G + P$. Bei der Dekodierung des Textes entsprechender Anwendungsauf-
gaben ist in diesem Fall neben der Aktivierung einer Grundvorstellung zur Prozentrechnung auch eine Grundvorstellung zur Addition und Multiplikation erforderlich.
Die beiden äquivalenten Gleichungen

(1a) $G^+ = G + G \cdot \frac{p}{100}$ und   (1b) $G^+ = G \cdot \left(1 + \frac{p}{100}\right)$

verdeutlichen, dass die Reihenfolge der Aktivierung der beiden benötigten Vorstellungen beliebig ist.

Bei (1a) wird zuerst mittels einer Prozentvorstellung der Prozentwert bestimmt und die sich anschließende Addition ist auf die Größen G und P bezogen.

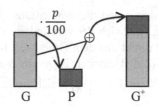

Abbildung 5.1:
Vermehrter Grundwert (1)

Bei (1b) werden zuerst die zu den Größen zugeordneten Prozentsätze addiert und der vermehrte Grundwert wird als Prozentwert des ursprünglichen Grundwerts aufgefasst. Demnach entspricht die Operation *plus p % von G* der Multiplikation *mal* $\left(1 + \frac{p}{100}\right)$. Dieser Faktor wird daher auch als Wachstumsfaktor bezeichnet.

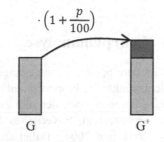

Abbildung 5.2:
Vermehrter Grundwert (2)

zu (2): $G^- = G - P$

In Analogie zu (1) lässt sich der verminderte Grundwert G^- als Differenz aus Grund- und Prozentwert auffassen, sodass entsprechende Aufgaben, wie z. B. bei Preisnachlässen, die Grundaufgabe der Prozentrechnung um eine Subtraktion erweitern. In Analogie zu (1) wird dieser Sachverhalt durch folgende beiden Gleichungen beschrieben:

(2a) $G^- = G - G \cdot \frac{p}{100}$ (2b) $G^- = G \cdot \left(1 - \frac{p}{100}\right)$

Wie (2a) hervorhebt, kann die Subtraktion im Anschluss an die Prozentwertbestimmung erfolgen.

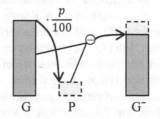

Abbildung 5.3:
Verminderter Grundwert (1)

Werden zuerst die Prozentsätze subtrahiert, lässt sich der verminderte Grundwert direkt aus dem Grundwert berechnen (2b). Demnach ist *minus p % von*
G mit *mal* $\left(1 - \frac{p}{100}\right)$ gleichzusetzen.

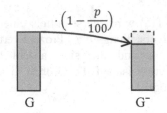

Abbildung 5.4:
Verminderter Grundwert (2)

5.3 Lehrplananalyse

Die in den beiden vorangegangenen Teilkapiteln beschriebenen inhaltlichen
Gesichtspunkte zu Proportionalität und Prozentrechnung werden im Folgenden
um eine kurze Analyse der zum Zeitpunkt der Testdurchführung geltenden Lehrpläne ergänzt (vgl. Bayerisches Staatsministerium für Unterricht und Kultus,
1994, 2001 und 2004). Dabei steht im Mittelpunkt, wann welche mathematischen Inhalte zum Lernen für die Schüler vorgesehen sind und inwieweit es
wesentliche Gemeinsamkeiten und Unterschiede gibt. Eine Übersicht der im
Kern behandelten Themen zu Proportionalität und Prozentrechnung ist in Tabelle
5.1 auf S. 44f abgebildet.

Die jahrgangsstufenübergreifenden Fachprofile machen in allen drei Schulformen deutlich, dass der Mathematik eine bedeutende Rolle im Hinblick auf das
Problemlösen alltagsrelevanter Fragestellungen zukommt.

Die Lehrpläne der drei Schulformen sind in ihrer Grobstruktur unterschiedlich
aufgebaut. Im gymnasialen Lehrplan fällt auf, dass zusammenhängende Inhalts-
gebiete möglichst kompakt und zeitnah in einer Jahrgangsstufe unterrichtet werden. So werden z. B. alle fachlichen Grundlagen und Anwendungsgebiete der
Prozentrechnung in der 6. Klasse behandelt. Die Schüler lernen alle notwendigen
Grundbegriffe und Lösungsverfahren innerhalb weniger Unterrichtswochen
kennen, Inhalte und Grundlagen der Prozentrechnung werden ausschließlich in
dieser Jahrgangsstufe unterrichtet.

In der Hauptschule werden die mathematischen Inhalte eines Themenbe-
reichs auf mehrere Jahrgangsstufen verteilt. Die Schüler erhalten damit die Möglichkeit, ihr Wissen aus dem Vorjahr zu wiederholen, zu reaktivieren und dann
mit neuen Inhalten anzureichern. So beschäftigen sich die Schüler mit der Pro-

zentrechnung sowohl in der 7., 8. als auch 9. Klasse im Sinne eines spiralförmig aufgebauten Lehrplans.

Auch im Lehrplan der Realschule ist festzustellen, dass viele Themen zumindest auf zwei Jahrgangsstufen aufgeteilt und damit im Vergleich zum Gymnasium etwas entzerrt sind. Dies gilt sowohl für die Prozentrechnung als auch für den Umgang mit proportionalen und antiproportionalen bzw. direkt und indirekt proportionalen Zuordnungen.

Bereits zu Beginn der Sekundarstufe werden im Rahmen der Lehrpläne aller drei Schulformen Begriffe und Verfahren des Sachrechnens zwar vorbereitet, aber nicht explizit benannt. Im Lehrplan der Hauptschule wird darüber hinaus auf Fachbegriffe wie z. B. Quotientengleichheit weitgehend verzichtet, oder im Vergleich zu Realschule und Gymnasium möglichst spät eingeführt. Während gerade am Gymnasium die systematische Betrachtung der Inhalte im Vordergrund steht, wird in der Hauptschule mehr Wert auf Anwendungsbezug gelegt.

Ein weiterer wesentlicher Unterschied zwischen den Schulformen ist die Einordnung des Prozentbegriffs und der -rechnung. Im Lehrplan der Realschule werden diese explizit als Teilgebiete der direkten Proportionalität ausgewiesen. In der Hauptschule und im Gymnasium hingegen ist die Prozentrechnung an die Bruchrechnung angebunden.

	Hauptschule	Realschule	Gymnasium
5	Sachrechnen	Rechnen mit Größen, Einführung des Dreisatzes als Lösungsstrategie	Rechnen mit Größen
6	Sachrechnen	Einführung der direkten Proportionalität, Schwerpunkte: Quotientengleichheit, Proportionalitätsfaktor Einführung in die Grundaufgaben der Prozentrechnung	Einführung der direkten und indirekten Proportionalität, Schwerpunkte: Quotienten- und Produktgleichheit Vollständige Abhandlung der Prozentrechnung, Einführung der Begriffe Grund-, Prozentwert und Prozentsatz
7	Einführung der Prozentrechnung an Beispielaufgaben, bereits Aufgaben zu vermehrtem und vermindertem Grundwert Einführung der direkten Proportionalität, Hinweis auf vielfältige Lösungsmöglichkeiten (Dreisatz, Tabelle, Graph)	Einführung der indirekten Proportionalität, Schwerpunkte: Entwicklung unterschiedlicher Lösungsstrategien Vertiefung der Prozentrechnung (hinsichtlich vermehrtem und vermindertem Grundwert), Einführung in die Zinsrechnung	

Hauptschule	Realschule	Gymnasium
8 Wiederholung der Prozent- und Erweiterung auf die Promillerechnung Einführung der indirekten Proportionalität an alltagsnahen Aufgaben		
9 Wiederholung der Prozentrechnung, Aufgaben zu vermehrtem und vermindertem Grundwert, Einführung von Wachstumsfaktoren Einführung der Formeln zur Zinsrechnung		
10 Anwendung der Prozentrechnung: relative Häufigkeiten, Wahrscheinlichkeit	Anwendung der Prozentrechnung: Wachstumsprozesse	Anwendung der Prozentrechnung: Wachstum, Zinseszins

Tabelle 5.1: Proportionalität und Prozentrechnung im Lehrplan

5.4 Untersuchungen zu Proportionalität und Prozent-rechnung

5.4.1 Studien zur Entwicklung mathematischer Kompetenzen

Sowohl auf nationaler als auch auf internationaler Ebene wurden in den letzten beiden Jahrzehnten zunehmend Vergleichsstudien mit entsprechenden Tests zur Erfassung mathematischer Kompetenzen durchgeführt. Dabei lassen sich vor allem die beiden Designansätze *Querschnitt-* und *Längsschnittstudie* unterscheiden.

Die empirisch breit angelegten Studien wie TIMSS und PISA sind in der Regel querschnittlich ausgerichtet und zielen in erster Linie auf ein Bildungsmonitoring zu einem bestimmten Zeitpunkt ab. Hierzu zählen auch die klassischen Zentralen Prüfungen wie z. B. VERA und landesweite Abschlussprüfungen für den Mittleren Schulabschluss. Dabei steht der aktuelle Stand mathematischer Kompetenzen bei Schülern als Ganzes im Vordergrund. Je nach Studie sind unterschiedliche Schwerpunktsetzungen verankert, wie die Unterscheidung von *technischen Items* und *rechnerischen/begrifflichen Modellierungsitems* (und damit Kalkül- und Modellierungskompetenzen) im Rahmen der PISA-Erhebungen exemplarisch verdeutlicht. Auch wenn, wie bei den PISA-Studien geschehen, wiederholte Erhebungen dazu dienen können, Kompetenzentwicklungen über mehrere Jahre darzustellen, bleiben die einzelnen Erhebungen querschnittlich angelegt, und ein Vergleich unterschiedlicher Populationen zu unterschiedlichen Zeitpunkten liefert nur begrenzt Aufschluss über den Entwicklungsverlauf von mathematischen Kompetenzen einer Schülerkohorte.

Daneben gibt es in weitaus geringerem Umfang fachspezifische *Längsschnittstudien*, die sich zum Ziel gesetzt haben, Entwicklungen mathematischer Kompetenzen ein- und derselben Stichprobe über einen längeren Zeitraum zu beschreiben. Während die einzelnen Messungen zwar auch querschnittlichen Charakter haben, erlaubt das Zusammenspiel wiederholter Messungen konkrete Aussagen zu Entwicklungsprozessen. Zum einen sind bestehende Längsschnittstudien auf eine vergleichsweise kurze Zeitspanne bezogen, zum anderen haben sie oft sehr spezielle inhaltliche bzw. methodische Zielsetzungen. Exemplarisch seien die Längsschnittstudien *TIMSS/II* (vgl. Baumert, Lehmann, Lehrke, Schmitz, Clausen, Hosenfeld, Köller & Neubrand, 1997), *Kassel-Exeter-Studie* (vgl. Kaiser, 1999 und Kaiser, Blum & Wiegand, 2001), *Pythagoras-Projekt* (vgl. Reusser, Pauli & Klieme, 2003), *Hamburger Lernausgangsuntersuchung LAU* (vgl. Lehmann, Peek, Gänsfuß & Husfeldt, 2001, S. 30f) und *Longitudinal Proof Project* (vgl. Küchemann & Hoyles, 2003) aufgeführt.

Bislang gibt es keine langfristig angelegte Untersuchung, die sich auf die mathematischen Kerninhalte Proportionalität und Prozentrechnung mit dem theoretischen Hintergrund von Modellierungskompetenzen bezieht. In der Zeit nach den PISA-Erhebungen gibt es zudem wenige empirische Untersuchungen, bei denen Schülerleistungen auf unterschiedlichen Ebenen umfassend dokumentiert werden.

5.4.2 Inhaltsspezifische Untersuchungen

Wegen des besonderen alltagspraktischen Bezugs sind Proportionalität und Prozentrechnung häufig Inhalte praxisbezogener Beiträge in pädagogischen oder fachdidaktischen Zeitschriften. Sie enthalten meist Empfehlungen, wie diese Themen im Mathematikunterricht eingeführt werden sollen, welche Lösungsverfahren für Schüler sinnvoll sind usw. (vgl. etwa Ercole, Frantz & Ashline, 2011; Römer, 2008; Knott & Evitts, 2008; Shield & Dole, 2008; Appell, 2004; Besuden, 2000; Meierhöfer, 2000; Haas, 2000; Broekman & Stufland, 1993; Vollrath, 1993; Weingärtner, 1991; Grässle, 1989; Kraus, 1986; Baireuther, 1983). Dabei bleibt oft unklar, auf welcher Grundlage diese Anregungen beruhen; zumindest gibt es hierzu in den letzten drei Jahrzehnten kaum empirische Untersuchungen. Zu einzelnen Untersuchungen bis Anfang der 1980er Jahre siehe etwa die Literaturzusammenstellung von Andelfinger & Zuckett-Peerenboom, 1982.

Viele dieser Analysen haben ihren Ursprung in der psychologischen Forschung und sind zu einem Zeitpunkt durchgeführt worden, bevor Kirsch (1969) seine Analyse zur sogenannten Schlussrechnung veröffentlicht und in dessen Folge auch die unterrichtliche Behandlung der curricularen Kerninhalte wesentlich beeinflusst hat. Diese Studien können kaum Aufschlüsse hinsichtlich des aktuellen Kompetenzkonzepts, insbesondere von Modellierungskompetenzen liefern, die erst im Laufe des PISA-Zeitalters in den Schulen etabliert wurde. Deshalb fehlt es auch an neueren Untersuchungen, die aktuelle mathematikdidaktische Entwicklungen im Hinblick auf die Inhalte Proportionalität und Prozentrechnung berücksichtigen.

Im Folgenden werden zentrale Ergebnisse deutschsprachiger Untersuchungen seit Beginn der 1980er Jahre vorgestellt, die ihre Schwerpunkte in den Bereichen

☐ Schülerleistungen bei der Aufgabenbearbeitung,
☐ Fehleranalysen bei entsprechenden Sachaufgaben und
☐ Effektivität unterschiedlicher Lösungsverfahren

haben. Zum einen sind diese Untersuchungen für die vorliegende Arbeit aus inhaltlicher Sicht relevant, zum anderen sollen Forschungsdesiderata aufgezeigt werden.

5.4.2.1 Aufgabenbearbeitung und Lösungserfolg

Die Auswertungen von 3150 Abschlussarbeiten von Hauptschülern in Baden-Württemberg dokumentieren, dass die Prüfungsaufgaben zur Prozent- und Zinsrechnung im Vergleich zu anderen inhaltlichen Gebieten hohe Erfolgsquoten aufweisen (vgl. Berger, 1991).

Je nach Aufgabenstruktur differieren jedoch die Lösungshäufigkeiten erheblich, wie die folgenden, in den Klammern aufgeführten Werte hinsichtlich der Aufgabentypen *Prozentwert gesucht* (60 %), *Bestimmung des Prozentsatzes bei Anteilen* (68 %), *Prozentsätze bei Änderungen* (58 %) und *vermindertem Grundwert* (36 %) zeigen.

Berger weist Zusammenhänge zwischen Lösungshäufigkeiten und Geschlecht nach, wobei Jungen signifikant höhere Lösungshäufigkeiten erzielen als Mädchen. Weiterhin stellt er fest, dass Schüler mit Migrationshintergrund signifikant niedrigere Lösungshäufigkeiten aufweisen als deutsche Schüler. Diese signifikanten Unterschiede sind umso höher, je komplexer die Sachstruktur der Aufgabe ist.

Der Test zur Prozentrechnung des Projektes *Zeig', was du weißt* (vgl. Scherer, 1996a und 1996b), das in erster Linie das Ziel einer verbesserten Leistungsbewertung von Schülerlösungen verfolgte, enthält zehn Fragen bzw. Aufgaben zum Prozentbegriff. Zentrale Inhalte (Prozentsätze als relativer Vergleich, Prozentsätze als Anteile, Prozentsatz und Verhältnis von Zahlen, Darstellen von Prozentsätzen) waren auf die 7. Klasse der Gesamt- bzw. Hauptschule abgestimmt. Am Test nahmen insgesamt 80 Schüler aus Gesamt- und Realschulen der 7. Jahrgangsstufe teil, wobei 54 Schüler zuvor in die Prozentrechnung eingeführt wurden und 26 Schüler ohne entsprechende Einweisung den Test absolvierten.

Scherer (1996) stellt fest, dass

□ vor allem dann bei Aufgaben besonders hohe Lösungsquoten zu verzeichnen sind, wenn sie auf grafischer Ebene zu lösen sind,

□ wenige Rechenfehler und Notationsfehler (z. B. beim Erweitern von Brüchen) bei Schülern zu beobachten sind und

□ die Schüler sehr vielfältige und teilweise auch für den schulischen Mathematikunterricht unübliche, aber richtige Lösungsstrategien verwenden.

Insbesondere konnte auch die Schülergruppe ohne unterrichtliche Behandlung der Prozentrechnung viele der Aufgaben richtig lösen.

Jordan, Kleine, Wynands & Flade (2004) untersuchten anhand der PISA-2000-Daten die mathematischen Fähigkeiten von 31740 Neuntklässlern zu Proportionalität und Prozentrechnung. Insbesondere steht der im Test eingesetzte Item-Pool im Zentrum der Analysen. Alle Testaufgaben werden hinsichtlich ihres kognitiven Anforderungsniveaus geratet, in dem sich folgender hierarchischer Aufbau der Aufgabentypen widerspiegelt. Dem Niveau (1) gehören Aufgaben an, in denen Beziehungen zwischen Größen hergestellt werden müssen. Hierzu zählen beispielsweise die drei Grundaufgaben der Prozentrechnung. Aufgaben zu Niveau (2) bauen auf den Niveau-(1)-Aufgaben auf und werden um eine einfache Operation (Addition bzw. Subtraktion) ergänzt. Werden in Aufgaben wiederum Ansprüche aus Niveau (2) miteinander verknüpft, so werden diese dem Anforderungsniveau (3) zugeordnet.

Nach einer Rasch-Skalierung der Testrohwerte werden die empirisch ermittelten Aufgabenschwierigkeiten/Thresholds den theoriegeleiteten Aufgabenniveaus gegenübergestellt mit dem Ergebnis, dass sich Theorie und Empirie großteils decken und die unterschiedlichen Niveaus die Aufgabenschwierigkeiten determinieren. Allerdings gibt es innerhalb des Anforderungsbereichs (1) deutliche Unterschiede, da Schüler einfache, vorwärtsgerichtete Aufgaben zu Proportionalität und Antiproportionalität besser lösen, als rückwärtsgerichtete Umkehraufgaben, wie z. B. die Bestimmung eines Prozentsatzes.

Die gleiche Normierung der Thresholds und Schülerfähigkeiten erlaubt eine Einteilung der Schülerschaft in eine leistungsschwache (erstes Niveau), eine mittlere (zweites Niveau) und eine leistungsstarke (drittes Niveau) Gruppe. $\frac{1}{4}$ der deutschen Schüler der 9. Jahrgangsstufe befinden sich auf dem Anforderungsniveau (1) und stellen damit einen vergleichsweise großen Anteil dar. Erwartungsgemäß verteilt sich diese Schülergruppe nicht gleichmäßig auf die Schulformen. In Zahlen bedeutet dies, dass sich 60 % aller Hauptschüler, 20 % der Realschüler, nur 1 % der Lernenden am Gymnasium und 40 % der Schüler integrierter Gesamtschulen auf der untersten Kompetenzstufe befinden.

5.4.2.2 Fehleranalysen

Ungeachtet dessen, dass Meißners Analyse zur Prozentrechnung in Teilen kritisch erwidert wurde (vgl. Wagemann, 1983), sind den Darstellungen von Meißner (1982) einige wichtige und interessante Ergebnisse zu entnehmen. Er untersuchte an einer 2682 großen nichtrepräsentativen Stichprobe an insgesamt fünf Hauptschulen, einer Realschule und einem Gymnasium im Großraum Münster das Lösungsverhalten von Schülern bei der Prozentrechnung. Da die Prozentrechnung in der 7. Klasse durchgenommen und in der Regel in den folgenden

Schuljahren wiederholt wurde, setzen sich die Probanden aus Schülern der 7., 8., 9. und 10. Jahrgangsstufe zusammen. Für den eingesetzten Test wurden zwei Versionen konzipiert, die jeweils aus sechs Aufgaben zu den Grundaufgaben der Prozentrechnung und zu vermehrtem bzw. vermindertem Grundwert bestehen.

   Im Rahmen seiner Fehleranalysen unterscheidet Meißner nach richtigen und falschen Ansätzen sowie die Kategorien (1) Rechenfehler, (2) Abbruch ohne Ergebnis, (3) Flüchtigkeitsfehler, (4) falsche Zahlen durch Runden oder Ablesen und (5) Interpretationsfehler (z. B. 1,1 = 1,1 %). In 24,9 % der Lösungen ist bereits der Rechenansatz fehlerhaft, wobei Meißner folgende beiden Hauptfehlertypen heraushebt. Bei 397 dieser 667 falschen Ansätze identifiziert Meißner falsche Zuordnungen der Werte zu den entsprechenden Variablen, 203 der 667 fehlerhaften Ansätze liegen unangemessene Rechenterme zugrunde, in denen die im Aufgabentext vorhandenen Zahlen mit den Grundrechenarten mehr oder weniger willkürlich kombiniert werden.

Auch wenn der Fokus der Beiträge von Viet (1989) und Kurth (1992) auf Unterrichtseffekten liegt, machen sie im Rahmen der empirischen Untersuchungen und Analysen auch Aussagen über typische Fehler seitens der Schüler.

   Die Hauptuntersuchung begann zu Beginn des Schuljahres 1987 und umfasste sechs 7. Klassen (114 Schüler) einer Osnabrücker Realschule. Nach einem Vortest erfolgte die unterrichtliche Behandlung der Kerninhalte Proportionalität und Antiproportionalität. Sechs Wochen nach der ca. 20-stündigen Interventionsphase erfolgte der Nachtest, weitere sechs Monate später der Behaltenstest. Die Tests bestehen aus je 10 Aufgaben (5 Proportionalitäts- und 5 Antiproportionalitätsaufgaben).

   Obwohl die Schüler nach den geltenden schulischen Richtlinien zum Zeitpunkt des Vortests keine schulische Erfahrung mit dem Thema Proportionen und Antiproportionen haben, sind viele richtige Ergebnisse bei Aufgaben mit ganzzahligen Zahlenverhältnissen zu beobachten. Allerdings scheitern sehr viele Schüler an Aufgaben, wenn sich bei einer sinnvollen Bearbeitung Bruchzahlen nicht vermeiden lassen. Demnach liegen die Hauptfehlerquellen des Vortests im Bruchzahlverständnis, so dass sich der erfolgreiche Umgang mit proportionalen und antiproportionalen Zuordnungen nicht von einem tragfähigen Bruchzahlkonzept trennen lässt.

   Gerade bei den Vortests sind folgende beiden Fehlstrategien zu beobachten. Zum einen sind häufig Reihenfolgefehler bei der Division zu beobachten. Anstatt richtigerweise eine kleinere durch eine größere Zahl zu dividieren, berechnen Schüler den Quotienten aus der größeren und der kleineren Zahl (vgl. hierzu auch Fischbein, 1984). Zum anderen weichen Schüler auf sog. *building-up*-Strategien wie Halbieren und Addieren aus, insbesondere wenn das Zahlenmaterial der Aufgabe keine ganzzahligen Verhältnisse enthält (vgl. auch Karplus, Karplus & Wollman, 1974; Hart, 1981 und Vergnaud, 1983). Erfreulicherweise sind genau diese individuellen Methoden im Nachtest nicht mehr nachweisbar. Die Auswertungen des Nachtests zeigen, dass die fehlerhafte Verwendung von Formalismen (z. B. Dreisatz- bzw. Operator-Schemata) offensichtlich den Hauptfehler, Antiproportionsaufgaben wie Aufgaben zur Proportionalität zu lösen, in unerwartetem Ausmaß begünstigt (vgl. hierzu auch van Doren, de Bock, Evers & Verschaffel, 2009). Da dieser Fehler ausschließlich bei den Schemanutzern zu beobachten ist, sieht Kurth (1992) die Gründe vor allem darin, dass den Schülern die Lösungsverfahren aufgezwängt werden. Zudem ist es möglich, dass bei Schülern Widersprüche zwischen den Ebenen des formalen Wissens (gelernte Lösungsmethoden) und des intuitiven Wissens (persönliche Vorerfahrungen) entstehen können (vgl. Fischbein, 1993).

Berger (1991) untersuchte die Leistungen von Schülern in der Prozent- und Zinsrechnung am Ende der Hauptschulzeit. Grundlage seiner fehleranalytisch orientierten empirischen Untersuchung bilden 3150 Arbeiten aus der baden-württembergischen Abschlussprüfung.

Bei der Auswertung unterscheidet Berger die Hauptfehlerkategorien *nicht bearbeitet, falscher Ansatz, unvollständiger Ansatz, Rechenfehler,* und *Bagatellfehler.* Die Hauptfehlerquelle bei der Bearbeitung der Aufgaben ist bereits im Aufstellen des Ansatzes zu sehen, da 20 % ein fehlerhafter und weiteren 4 % ein unvollständiger Lösungsansatz zugrunde liegt. Dabei handelt es sich entweder um Zuordnungs- und Operationsfehler oder um das Auslassen von Teiloperationen (z. B. wird bei einer Aufgabe zum vermehrten Grundwert der zugehörige Prozentwert bestimmt, dieser jedoch nicht zum Grundwert addiert).

Die Rechenfehlerquote von 7 % resultiert in erster Linie aus Aufgabenstellungen, bei denen entweder große bzw. gemischte Zahlen vorkommen oder dividiert werden muss. Während Bagatellfehler bei 1 % der Lösungsversuche festzustellen sind, beläuft sich die Quote der Fehlerkategorie *nicht bearbeitet* auf 8 %, wobei gerade bei zentralen Prüfungen der Zeitfaktor zum Nichtbearbeiten von Aufgaben führen kann.

Berger stellt darüber hinaus fest, dass bei Schülerinnen und Schülern mit Migrationshintergrund die Nichtbearbeitungsquote höher ist, mehr Rechenfehler zu beobachten sind und einfache und zum Teil ungenügend differenzierte Lösungsstrategien dominieren.

5.4.2.3 Lösungsstrategien

Meißner (1982) unterscheidet in seiner Analyse zur Prozentrechnung die fünf strategischen Lösungsvorgehen *Operator, Dreisatz, proportionale Zuordnungen, Formel* und *naive Nutzung des Taschenrechners*, wobei er sich im Vergleich der Methoden auf die drei mit einem Gesamtanteil von 70 % häufigsten Lösungsstrategien Operator, Dreisatz und Formel beschränkt.

Allgemein beobachtet Meißner eine Diskrepanz zwischen dem gezeigten Lösungsverhalten und der in den verwendeten Schulbüchern bevorzugten Lösungsmethoden. Mehr als die Hälfte aller Schüler (53 %) favorisieren offensichtlich andere als im Unterricht gelernte Strategien. Darüber hinaus werden je nach Aufgabe diese Methoden unterschiedlich häufig angewendet.

Insgesamt identifiziert Meißner den Dreisatz als erfolgreichste Strategie. Insbesondere bei Aufgaben zu vermehrtem und vermindertem Grundwert sind die Erfolgsquoten von Operator und Formel wesentlich niedriger als beim Dreisatz. Weiterhin ist eine Häufung fehlerhafter Lösungsansätze in Zusammenhang mit der Lösungsmethode Formel zu erkennen. Die bereits oben erwähnte Hautfehlerquelle falscher Zuordnungen ist offenbar kein methodenspezifisches Problem, sondern lässt sich bei allen drei Lösungsverfahren nachweisen.

Viet und Kurth haben im Rahmen ihrer empirischen Untersuchung an Hauptschulen (7. - 9. Klasse) zum Thema Proportionen und Antiproportionen das Lösungsverhalten der Schüler untersucht (vgl. Viet & Kurth, 1986, Viet, 1989 und Kurth, 1992).

In einer Vorstudie zur Überblicksgewinnung werden Hauptschulklassen in einem Unterrichtsversuch entweder mit dem Lösungsverfahren des Dreisatzes oder dem Aufstellen von Verhältnisgleichungen unterrichtet. Die Ergebnisse des abschließenden Tests zeigen, dass diejenigen Klassen, in denen ausschließlich mit Verhältnisgleichungen gearbeitet wurde, im Durchschnitt bessere Leistungen erzielen als die Lerngruppen mit gelerntem Dreisatzverfahren. Weiterhin stellen die Autoren fest, dass die Verwendung und Notation der eingeübten Schemata im Laufe der Zeit zunehmend von den im Unterricht favorisierten Lösungsmethoden abweichen. $\frac{2}{3}$ der Schüler in Jahrgangsstufe 8 wählen bei der Aufgabenbearbeitung eigene Lösungsstrategien, bei den Lernenden in Klasse 9 ist dieser Anteil noch größer. Dabei fällt auf, dass die Schüler mit individuellen Strategien erfolgreicher sind als jene, die die im Unterricht vermittelten Methoden und Schreibweisen verwenden.

Hinsichtlich der Lösungsstrategien unterscheiden Viet und Kurth in der Hauptuntersuchung mit dem Untersuchungsdesign *Vortest – Intervention – Nachtest – Behaltenstest* an sechs Klassen der Jahrgangsstufe 7 im Wesentlichen zwischen *Z*- und *I-Strategien*. Unter Z-Strategien werden Verfahren und Schemata eingeordnet, bei denen Beziehungen zwischen unterschiedlichen Größenbereichen hergestellt werden (z. B. Interpretation des Proportionalitätsfaktors als Rate, quotientengleiche Zahlenpaare). Bei I-Strategiegen operieren die Schüler vorrangig innerhalb von Größenbereichen (z. B. Verhältnisgleichheit, Vervielfachungseigenschaft im Sinne der Kovariation).

Bereits im Vortest, also vor der Einführung und systematischen Betrachtung der Inhalte Proportionalität und Antiproportionalität, lassen sich bei den Schülern mehrere richtige Operationsmuster und unterschiedliche Lösungsvarianten nachweisen wie z. B Halbieren und Addieren (I-Strategien) und Division zweier Größen im Sinne einer Rate (Z-Strategie).

Die Ergebnisse des Posttests zeigen, dass in Klassen, in denen die Lehrer auf Schemata und ihre korrekte Notation beharren, sowohl Fehleranzahl als auch die Fehlerhäufigkeiten höher sind als in entsprechenden Vergleichsklassen. Lerngruppen mit I-Strategien schneiden bei Aufgaben zur Proportionalität mit einer durchschnittlichen Erfolgsquote von 83 % besser ab als Klassen mit Z-Strategien (59 %). Bei Testitems zur Antiproportionalität kehrt sich die Reihenfolge der Erfolgsquoten jedoch mit 68 % für Klassen mit I-Strategien und 84 % für Klassen mit Z-Strategien um. Auch wenn die Lerngruppen mit konsequenter Anwendung gelernter Schemata im Nachtest insgesamt besser abschneiden, ist auch festzustellen, dass sich genau diese Schüler ausschließlich auf das Verfahren verlassen und Ergebnisse am Ende des Lösungsprozesses nicht hinterfragen oder in Bezug auf die Ausgangsfrage überprüfen.

Die Auswertung des Behaltenstests bescheinigt leistungsstarken Schülern eine zunehmende Flexibilität im Einsatz und der Verwendung gelernter Lösungsstrategien, wobei die schematische Darstellung und Notation im Vergleich zum Unterricht deutlich weniger ausgeprägt ist.

Obwohl Viet und Kurth für das Lernen von Schemata eintreten, weisen sie auch ausdrücklich darauf hin, dass

☐ das Lernen dieser Lösungsverfahren nicht an äußerlichen, optischen Merkmalen (z. B. Pfeil von oben nach unten) geschehen sollte,

☐ insbesondere falsch verstandene Schemata Fehlvorstellungen generieren können,

☐ Schemata gerade für leistungsschwache Schüler nicht zwingend eine Hilfe darstellen und

☐ selbst gute Schüler die mathematischen Hintergründe der Methoden oft nicht erklären können.

Aus der Studie lässt sich schließlich ableiten, dass es offenbar kein allgemein bestes Verfahren gibt. Außerdem sollte die Vielfalt der Inhalte Proportionalität und Antiproportionalität betont und eine zu frühe Einengung des Proportionalitätsbegriffs vermieden werden.

Berger (1991) unterscheidet in den Analysen seiner Untersuchung die drei Lösungsstrategien *Dreisatz*, *Operator* und *Formel*, die von den Schülern in 63 %, 13 % und 17 % aller Prozentaufgaben die Lösungsgrundlage bilden. Geht man nur von Aufgaben zur Zinsrechnung aus, so sind ein deutlicher Rückgang der Dreisatzstrategien (ca. 50 %) und ein erheblicher Zuwachs der Verwendung von Formeln (ca. 30 %) zu beobachten. Hinsichtlich der Erfolgsquote dieser drei Strategien stellt Berger hochsignifikante Unterschiede heraus. Die Dreisatzstrategie führt in 68 %, die Operatorstrategie in 64 % und die Formel in 59 % der Fälle zum richtigen Ergebnis. Der Dreisatz erweist sich vor allem bei Prozentaufgaben mit Umkehroperationen und die Operatorstrategie bei verketteten Aufgaben, in denen der Prozentwert gesucht ist, als besonders erfolgversprechend. Bei den Zinsrechenaufgaben sind hingegen keine statistischen Unterschiede nachweisbar.

Die Analyse auf Klassenebene zeigt, dass $\frac{3}{4}$ aller Klassen einheitliche Lösungsverfahren verwenden. Berger macht jedoch deutlich, dass dies für die Schulklassen weder von Vor- noch von Nachteil ist. Außerdem schließt er aus der Untersuchung, dass sich die Behandlung mehrerer Lösungsverfahren offenbar nicht negativ auf die Klassenleistung auswirkt.

Bei der Auswertung der Abschlussarbeiten fällt weiterhin auf, dass 80 % der Lernenden bei allen Aufgaben das gleiche Lösungsverfahren verwenden und damit auch geringfügig signifikant höhere Lösungsquoten erzielen.

Kleine & Jordan (2007) nutzen die Daten der PALMA-Vorstudie und die Methode der Korrespondenzanalyse, um den Zusammenhang zwischen Lösungsstrategien von 795 Schülern (8. - 10. Jahrgangsstufe) in Proportionalität und Prozentrechnung und der Schülerfähigkeit zu untersuchen. Ausgehend von den charakteristischen Eigenschaften proportionaler Zuordnungen und den damit verbunden Lösungsstrategien bilden sie die Kategorien *inhaltliche Strategien* (Vervielfachungs- und Additionseigenschaft), *operative Strategien* (Proportionalitätsfaktor und Quotientengleichheit) und *sonstige Strategien*. Die der Korrespondenzanalyse zugrunde gelegten Schülerfähigkeiten ergeben sich aus einer Rasch-Skalierung entsprechender Testitems.

Den Ergebnissen ist zu entnehmen, dass sich die gebildeten Kategorien hinsichtlich der Lösungsstrategien substantiell voneinander unterscheiden und dass die Wahl der Lösungsstrategie mit den Kompetenzwerten des Leistungstests einhergeht. Schüler mit niedrigen Fähigkeitswerten setzen vorrangig sonstige

Strategien ein, Schüler mit mittleren Kompetenzwerten verwenden zunehmend inhaltliche Strategien und leistungsstarke Schüler lösen die Aufgaben hauptsächlich mit operativen Strategien.

Kleine & Jordan leiten aus dieser Studie weiterhin ab, dass Dreisatzstrategien für leistungsschwache Schüler nicht automatisch das optimale Lösungsverfahren darstellen und das starre Notationsschema im Lösungsprozess eher hinderlich sein kann (vgl. hierzu auch Appell, 2004).

5.4.3 Untersuchungen zur Entwicklung formalen Denkens

Aufgrund der besonderen Bedeutung des präfunktionalen und insbesondere des proportionalen Denkens hinsichtlich der allgemeinen Entwicklung formalen Denkens stellt die Proportionalität gerade aus Sicht der Entwicklungspsychologie einen interessanten Forschungsinhalt dar. Sehr viele dieser Untersuchungen basieren auf der Stufentheorie Jean Piagets zur Entwicklung des formalen Denkens, wobei diese Studien Piagets Theorie teilweise bestätigen und teils widerlegen (vgl. etwa Jahnke & Seeger, 1986).

Vergleichbare Befunde ergeben sich aus aktuellen Untersuchungen. In mehreren Teilprojekten konnte gezeigt werden, dass sich die kognitive Entwicklung bei Kindern nicht stufenweise vom konkreten Handeln zum abstrakten Denken vollziehen muss und vielmehr die kognitiv flexible Organisation des erworbenen Wissens eine zentrale Rolle spielt. Bestätigt hingegen ist die konstruktivistische Grundidee in Piagets Entwicklungstheorie (vgl. Stern, 2002).

Im Rahmen des BIQUA-Projekts ENTERPRISE (*Enhancing KNowledge Transfer and Efficient Reasoning by Practicing Representation In Science Education*) wurde darüber hinaus der Einfluss visueller Repräsentationen auf das Verständnis proportionaler Zusammenhänge am Beispiel naturwissenschaftlich geprägter Konzepte (z. B. Dichte und Geschwindigkeit) untersucht (vgl. Hardy, Schneider, Jonen, Stern & Möller, 2005).

An der experimentellen Untersuchung mit Pre- und Posttest nahmen insgesamt 98 Schüler der 3. Jahrgangsstufe verteilt auf vier Klassen teil. Zwischen den Tests setzten sich die Schüler in elf Unterrichtsstunden mit dem Dichtebegriff am Beispiel des Schwimmens und Sinkens unterschiedlicher Materialen auseinander (vgl. Möller, Jonen, Hardy & Stern, 2002). Während in zwei Klassen die Balkenwaage als visuelle Repräsentation der proportionalen Zuordnung zwischen den Größenbereichen Masse und Volumen verwendet wird, entwickeln die anderen beiden Schulklassen selbstständig sinnvolle und geeignete visuelle Repräsentationsformen. Durch die bedeutungsvolle Verknüpfung der visuellen Repräsentation der Balkenwaage und den damit verbundenen aktiven Handlun-

gen mit mathematisch inhaltlichen Strukturen wird ein vertieftes konzeptuelles
Verständnis des Sachinhalts erreicht (vgl. Sfard & McClain, 2002).

In allen Gruppen sind signifikante Zuwächse hinsichtlich des konzeptuellen
Verständnisses festzustellen, die sich sowohl in den Testergebnissen als auch in
der Qualität präwissenschaftlicher Erklärungen widerspiegeln (vgl. Hardy et al.
2005). Die Balkenwaage-Gruppe erzielt zudem signifikante Zuwächse hinsichtlich des nicht unterrichteten Konzepts der Geschwindigkeit, dem proportionale
Zuordnungen zwischen den Größenbereichen Länge und Zeit zugrunde gelegt
werden können. Damit lässt sich ein positiver Effekt der Balkenwaage als visuelle Repräsentation für den mathematischen Inhaltsbereich der Proportionalität
nachweisen (vgl. Hardy et al. 2005).

5.4.4 Untersuchungen aus dem anglo-amerikanischen Sprachraum

Die Forschungsinhalte in den Untersuchungen zu Proportionalität und Prozentrechnung aus dem angloamerikanischen Sprachraum, insbesondere in den USA
und Australien, unterscheiden sich aufgrund unterschiedlicher Tradition der
entsprechenden Curricula in Teilen wesentlich von den Ansätzen in Deutschland.
Dies betrifft vor allem die zentralen Bereiche *Einbettung der Proportionalität im
Gesamtcurriculum und in Forschungsfragen* sowie *Vielfalt und Benennung von
Lösungsstrategien*, wobei in beiden Fällen der Fokus auf Proportionen im Sinne
von *Verhältnis* liegt. Diese Schwerpunktsetzung wird im folgenden kurzen Einblick in den aktuellen Forschungsstand deutlich.

Lamon (2007) resümiert in ihrem Vorhaben, ein neues Rahmenkonzept hinsichtlich *Rational Numbers and Proportional Reasoning* zu erarbeiten, dass die Inhalte Verhältnis und Proportionen ursprünglich im Rahmen der Theorie von Piaget
untersucht und mittlerweile auch Bezüge zu anderen mathematischen Inhalten
wie z. B. der Bruchrechnung hergestellt wurden. In den letzten Jahrzehnten wurden aber kaum Fortschritte hinsichtlich adäquatem Lehren und Lernen erzielt.
Hauptgründe hierfür sieht sie in erster Linie in den derzeit vorherrschenden Be-
griffskonfusionen bzgl. Proportionalität, proportionales Schließen und der Kate-
gorisierung von Lösungsstrategien.

Nach Lamon (2007) steht bislang die Unterscheidung unterschiedlicher Ver-
hältnisaspekte im Vordergrund der Untersuchung. So werden entweder zwischen
ratios und *rates* (vgl. etwa Lesh, Post & Behr, 1988 und Thompson, 1994b) bzw.
within ratios und *between ratios* basierend auf den Vorarbeiten Freudenthals
(1973, 1978) unterschieden. Diese Begriffe sind meist auf Lösungsstrategien und
zugehörige Bruchgleichungen bezogen, wobei *within ratios* als Vergleich von
Größen desselben Größenbereichs Aspekte der Verhältnisgleichheit und *between*

ratios als Verhältnis von Größen unterschiedlicher Größenbereiche die Quotientengleichheit widerspiegelt. Lamon (2007) interpretiert dies als Einengung des Proportionalitätsbegriffs und schlägt vor, dass

> „*proportional reasoning* means supplying reasons in support of claims made about the structural relationship amoung four quantities, (say a, b, c, d) in a context simultanously involving covariance of quantities and invariance of ratios or products; this would consist of the ability to discern a multiplicative relationship between two quantities as well as the ability to extend the same relationship to other pairs of quantities" (Lamon, 2007, S. 637f).

Damit werden auch Gesichtspunkte funktionalen Denkens wie Zuordnung und Kovariation gleichermaßen berücksichtigt.

Auch wenn die meisten empirischen Untersuchungen zur Proportionalität vor mehr als 30 Jahren durchgeführt wurden, seien an dieser Stelle die für diese Arbeit wichtigsten Ergebnisse aufgeführt.

☐ Schüler verwenden häufig additive Strategien, obwohl der Sachverhalt einen multiplikativen Vergleich erfordert (vgl. etwa Hart, 1984).

☐ Bei Schülern sind oft nützliche und mächtige Strategien (z. B. Halbieren) vorhanden, die jedoch im Unterricht durch nicht verstandene Regeln und Algorithmen ersetzt werden (vgl. Karplus, Pulos & Stage, 1983).

☐ Die Operationen der Grundrechenarten sind vielfach mit impliziten, unbewussten und primitiv intuitiven Vorstellungen verbunden (z. B. Multiplikation vergrößert, Division verkleinert), die das Lösungsverhalten der Schüler maßgeblich negativ beeinflussen (vgl. Bell, Swan & Taylor, 1981; Bell, Fischbein & Greer, 1984 und Fischbein, Deri, Nello & Marino, 1985).

Parker & Leinhardt (1995) verdeutlichen bereits in dem Titel ihres Beitrags *Percent: A Privileged Proportion*, dass sie die wahre Bedeutung des Prozentbegriffs in proportionalen Verhältnissen sehen und sich daher die fachdidaktische Forschung auf die bereits oben beschriebenen Schwerpunkte konzentriert. Allerdings bedauern sie, dass in der Praxis diese Bedeutung des Prozentbegriffs zunehmend in den Hintergrund tritt zugunsten auswendig gelernter Regeln und Rechenprozeduren. Anstatt die Textaufgaben inhaltlich zu analysieren und in entsprechende Terme zu übersetzen, werden auf Schlüsselwörtern basierende Hilfestellungen wie *is over of = percent over 100* gelehrt, um entsprechende Zahlen direkt in eine Verhältnisgleichung zu überführen. Das in Zusammenhang mit der Prozentrechnung oft genannte Lösungsverfahren *Rule of Three* beschreibt damit das Aufstellen einer Bruchgleichung mit drei bekannten und einer unbekannten Größe (vgl. Dole, 2000). Dabei ist jedoch zu beachten, dass diese Lösungsstrategie im Deutschen zwar mit *Dreisatz* übersetzt wird, die Verfahren *Rule of Three* und Dreisatz sich jedoch wesentlich voneinander unterscheiden und völlig verschiedene Aspekte proportionaler Zuordnungen betonen. Der *Rule of Three* liegt die Verhältnisgleichheit und das Aufstellen einer Bruchgleichung zugrunde, das Lösungsverfahren des Dreisatzes basiert hingegen auf dem Kovariationsaspekt zugeordneter Größenbereiche bei proportionalen Zuordnungen.

Unter Einbeziehung bisheriger Studien fassen Parker & Leinhardt (1995) zusammen, dass gerade die Prozentrechnung seit Langem ein sehr fehleranfälliges und schwieriges Teilgebiet darstellt, was das schwache Abschneiden der Schüler in Schulleistungsstudien dokumentiert (vgl. etwa Carpenter, Kepner, Corbitt, Lindquist & Reys, 1980 und Kouba, Brown, Carpenter, Lindquist, Silver & Swafford, 1988).

Nach Parker & Leinhardt (1995) stellt der Begriff *Prozent* ein dynamisches Konzept dar, das sich im Laufe der Historie immer wieder in unterschiedlichsten Anwendungssituationen verändert bzw. (weiter-) entwickelt hat und offenbar ein komplexes und schwieriges mathematisches Konstrukt beschreibt, das mehrere unterschiedliche Aspekte umfasst und viele Bezüge zu anderen Teilgebieten der Schulmathematik aufweist. Prozentsätze können unter anderem als Zahl (vgl. McGivney & Nitschke, 1988), Größe (vgl. Rischer, 1992), Bruch bzw. Verhältnis (vgl. Lamon, 1993) oder als Operator im Sinne einer linearen Funktion (vgl. Davis, 1988) interpretiert werden. Auch wenn sich Prozentangaben vielschichtig interpretieren lassen, beschreiben sie letztlich eine proportionale Beziehung zwischen zwei Mengen (vgl. Parker & Leinhardt, 1995). Darüber hinaus stellt auch die Sprache eine besondere Lernschwierigkeit dar, da

☐ das Wort *von* multiple Bedeutungen hat,
☐ additiven Sprechweisen häufig multiplikative Strukturen zugrunde liegen (*es kommen 19 % Mehrwertsteuer hinzu* entspricht einer Multiplikation mit 1,19) und
☐ sich symmetrische Figuren auf der Textebene (*19 % Mehrwertsteuer kommen hinzu, davon gibt es 19% Rabatt*) nicht in der Rechnung bzw. im Ergebnis wiederfinden (vgl. Parker & Leinhardt, 1995).

Abschließend wir auf einige in unterschiedlichen Untersuchungen festgestellten typische Fehlstrategien und Fehlertypen eingegangen.

☐ Es gibt viele Schüler, die das Prozentzeichen weitgehend ignorieren und dieses nicht in ihre Lösungsverfahren einbeziehen. So unterscheiden Lernende – und teilweise auch Lehramtsstudenten – nicht zwischen $\frac{1}{2}$ und $\frac{1}{2}$ % oder interpretieren den Anteil *5 von 7* als *5 % von 7* (vgl. etwa Kircher, 1926 und Parker, 1994).

☐ Im Rahmen der sog. *numerator rule* ersetzen die Schüler das Prozentzeichen durch eine vorangestellte Null mit Dezimalzeichen. Während 55 % = 0,55 eine richtige Transformation darstellt, erhält man unter Anwendung des geschilderten Vorgehens für 9 % bzw. 110 % mit 0,9 bzw. 0,110 falsche Dezimalbrüche (vgl. Payne & Allinger, 1984 und Brueckner, 1930).

☐ Gerade bei den Grundaufgaben 2 und 3 der Prozentrechnung tritt der Fehler, die beiden vorhandenen Zahlen zu multiplizieren, gehäuft auf. Parker & Leinhardt (1995) vermuten den Grund in der unsachgemäßen Übertragung des multiplikativen Lösungsmusters aus der ersten Grundaufgabe.

☐ Schülern fällt vor allem der Umgang mit und die Interpretation von Prozentsätzen größer als 100 % sehr schwer (vgl. Edwards, 1930), was aus der Übergewichtung des Prozentbegriffs als Anteil an einem Ganzen resultiert (vgl. Parker & Leinhardt, 1995).

☐ Zahlreiche Studien weisen nach, dass sich viele Schüler in ihren Lösungen von Textaufgaben zur Prozentrechnung unreflektiert auf (gelernte oder selbst kreierte) Regeln verlassen, die entweder falsch oder besonders fehleranfällig sind. Oft tritt dieses Vorgehen auch in Zusammenhang mit einer Gegenüberstellung mehrerer Rechnungen und Alternativlösungen auf, wobei am Ende die Lösung mit dem plausibelsten Ergebnis ausgewählt wird (vgl. Risacher, 1992 und Parker, 1994).

Obwohl die mathematischen Inhalte Proportionalität und Prozentrechnung im deutschen und angloamerikanischen Sprachraum unterschiedlich unterrichtet werden (z. B. unterschiedliche Schwerpunkte in den Lösungsverfahren, Einbindung der Prozentrechnung in das Gesamtcurriculum), dokumentieren die fehleranalytischen Untersuchungen teilweise ähnliche, vergleichbare bzw. sogar identische Fehlermuster, Fehlstrategien und -vorstellungen.

5.4.5 Forschungsdesiderata

Auch wenn den dargestellten Untersuchungen zu den Inhaltsbereichen Proportionalität und Prozentrechnung wichtige Ergebnisse zu entnehmen sind, sind dennoch einige Forschungsdesiderata zu konstatieren.

☐ Bei den bisherigen Studien zu den Inhalten Proportionalität und Prozentrechnung handelt es sich um punktuelle Untersuchungen, die lediglich Aussagen zu einem bestimmten Zeitpunkt des Lernprozesses ermöglichen. Daraus können keine Informationen zu längerfristigen Entwicklungen der Schülerleistungen über die Sekundarstufe I hinweg gewonnen werden. Es gibt keine Längsschnittstudien zur Entwicklung mathematischer Kompetenzen in den Inhaltsbereichen Proportionalität und Prozentrechnung, die zudem die Rolle der Schulform- und Klassenzugehörigkeit bei der längsschnittlichen Kompetenzentwicklung berücksichtigt.

☐ In den meisten bisherigen Untersuchungen wurden zur Erfassung der Schülerleistungen mathematische Standardtests eingesetzt, die ihre konzeptionellen Schwerpunkte in technischen und rechnerischen Basisfertigkeiten haben. Dabei liegt das Augenmerk auf der formal richtigen Durchführung von Lösungsverfahren bzw. -schemata. Damit werden wesentliche Entwicklungen in der aktuellen Schulpraxis und fachdidaktischen Diskussion hinsichtlich Modellierungskompetenzen nur unzureichend abgebildet.

☐ Die bisherigen Fehleranalysen orientieren sich an strukturellen Gegebenheiten wie z. B. Ansatzfehler und Abbruch der Lösung. Es bleiben die Fragen nach inhaltlich orientierten Kriterien der Fehlstrategien offen.

☐ Aus den genannten Studien geht nicht hervor, welche Rolle Grundvorstellungen bei der Wahl der Lösungsstrategie spielen bzw. welche individuellen Fehlvorstellungen den Fehlstrategien zugrunde liegen.

Diese bislang unzureichend untersuchten Fragestellungen motivieren zu Forschungsfragen, die im folgenden Kapitel konkretisiert werden.

6 Konkretisierung der Ziele und Forschungsfragen

Die bereits in der Einleitung angedeuteten Interessensbereiche lassen sich im Anschluss an die Beschreibung der theoretischen Grundlagen und die aufgezeigten Forschungsdesiderata spezifizieren. Das auf die konkreten Inhalte Proportionalität und Prozentrechnung bezogene Forschungsinteresse erstreckt sich im Wesentlichen auf die drei unterschiedlichen Ebenen (1) Leistungsentwicklung der Gesamtstichprobe, (2) Bearbeitung typischer Aufgabenstellungen und Analyse von Lösungsstrategien und (3) Analyse individueller Denkprozesse und Vorstellungen.

6.1 Leistungsmonitoring und -entwicklung

Auf dieser globalen Ebene stehen der aktuelle Leistungsstand und die Kompetenzentwicklung über die Sekundarstufe I hinweg im Vordergrund der Analysen.

(1) Wie verläuft die Leistungsentwicklung von der 5. bis zur 10. Klasse bezogen auf mathematische Kompetenzen in den Bereichen Proportionalität und Prozentrechnung?

Diese allgemeine Frage wird aus unterschiedlichen Blickrichtungen zu untersuchen sein.

(1a) Wie stellt sich die Kompetenzentwicklung der Gesamtstichprobe dar?

Von besonderem Interesse ist, welche Lernzuwächse zwischen den einzelnen Jahrgangsstufen zu verzeichnen sind, ob die Leistungsentwicklung kontinuierlich verläuft oder ob es auffallende Phasen mit hohen Leistungszuwächsen bzw. mit Leistungsrückgängen gibt.

Des Weiteren muss der Frage nachgegangen werden, wie sich die Leistungsstreuungen zu den unterschiedlichen Messzeitpunkten entwickeln. Werden dadurch etwa Bündelungs- oder Schereneffekte dokumentiert oder stellt sich die Varianz als vorwiegend konstant heraus?

Diese Überlegungen lassen sich auch auf ausgewählte Teilstichproben, insbesondere auf unterschiedliche Schulformen und Schulklassen, übertragen.

(1b) Inwieweit sind Gemeinsamkeiten und Unterschiede bei der Kompetenzentwicklung auf Schulformebene festzustellen?

Zusätzlich zu den eben genannten detaillierten Fragestellungen können auch die Kompetenzwerte auf Schulformeben querschnittlich, also zu einem Messzeitpunkt gegenübergestellt werden. Hier ist von besonderem Interesse, ob bzw. inwieweit es Überschneidungen zwischen den Schulformen gibt.

Sind unterschiedliche längsschnittliche Kompetenzentwicklungen bei den Teilstichproben vorhanden, müsste außerdem überprüft werden, ob sich diese Unterschiede durch die verschiedenen Lehrpläne der drei Schulformen erklären lassen.

(1c) Was lässt sich über Leistungsmerkmale von Schulklassen aussagen?

Im Rahmen der Klassenanalysen sollen einerseits die Klassenleistungen innerhalb einer Schulform untersucht und verglichen werden. Andererseits bietet sich ein Vergleich von Schulklassen unterschiedlicher Schulformen an. Gibt es etwa Schulklassen aus unterschiedlichen Schulformen mit vergleichbaren Kompetenzwerten?

6.2 Bearbeitung typischer Aufgabenstellungen

Auf der zweiten Ebene stehen konkrete Aufgabenstellungen und deren Bearbeitung seitens der Schüler im Vordergrund der Analysen.

(2) Welche Kompetenzen und Kompetenzdefizite zeigen sich in der Bearbeitung typischer Aufgaben zur Prozentrechnung?

Neben der Frage, wie erfolgreich die Bearbeitung ausgewählter Aufgaben sowohl bei der Gesamtstichprobe als auch bei Teilstichproben ausfällt, sollen auch die Lösungsstrategien der Schüler differenziert nach Schulformen detaillierter untersucht werden.

(2a) Welche Strategien werden zur Lösung der Aufgaben von den Schülern herangezogen und wie erfolgreich sind diese?

Im Mittelpunkt stehen zunächst die Fragen, welche Lösungsstrategien wie häufig und mit welchem Erfolg von Schülern angewendet werden. Welche Gemeinsamkeiten und Unterschiede ergeben sich bei Aufgaben unterschiedlichen Grundtyps?

Schließlich leitet sich gerade aus den fehlerhaften Lösungsversuchen der Schüler folgende Detailfrage ab.

(2b) Lassen sich Klassen typischer Fehlstrategien identifizieren?

In diesem Zusammenhang werden die Fehler bzw. Fehler verursachende Faktoren der Schüler auf der Grundlage schriftlicher Aufzeichnungen genauer analysiert. Dabei wird versucht, unterschiedliche Fehlerkategorien abzuleiten.

6.3 Analyse individueller Denkprozesse und Vorstellungen

Bei den ersten beiden Ebenen der Auswertung bildet das Antwortverhalten der gesamten Stichprobe in den schriftlichen Tests die Grundlage der Auswertungsdaten. In diesen Fällen können zwar Leistung und Lösungsstrategien untersucht werden, allerdings liefern die Aufzeichnungen nur bedingt Begründungen für das Lösungsverhalten. Aus diesem Grund werden auf der dritten Ebene im Rahmen von Interviews, bei denen gezielte Rückfragen an die Schüler erfolgen können, individuelle Lösungsprozesse und Vorstellungen auf Schülerebene detaillierter analysiert. Bei der Bearbeitung anwendungsorientierter Aufgaben spielt die prozessbezogene Kompetenz des Modellierens eine tragende Rolle, in dessen Zusammenhang auch zugrunde liegende Vorstellungen von besonderer Bedeutung sind.

(3) Inwieweit können individuelle Vorstellungen und Fehlermuster in den Interviewtranskripten rekonstruiert werden?

Wesentliche Ziele dieser Untersuchungen sind es, Lösungsprozesse der Schüler zu erfassen, Fehlerstrategien zu identifizieren und etwaige Fehlvorstellungen zu diagnostizieren.

In Anlehnung an die bei den Aufgabenanalysen festgestellten Fehlstrategien sollen die Ursachen für das fehlerhafte Bearbeiten entsprechender Aufgaben identifiziert werden.

(3a) Inwieweit basieren Fehlstrategien auf individuellen Fehlvorstellungen?

Es stellt sich die Frage, welcher Art diese Fehler verursachenden Einflüsse sind und inwieweit sie zur Erklärung der falschen Lösungen beitragen können. Darüber hinaus ist von Interesse, inwieweit die bei den Schülern vorhandenen Probleme in den Bereichen Proportionalität und Prozentrechnung auf die Vorstellungsebene zurückgeführt werden können. Eng damit hängt auch die letzte Frage zusammen.

(3b) Inwieweit lassen sich die Fehlvorstellungen auf längerfristige Entwicklungsprozesse zurückführen?

Es wird überprüft, ob sich etwaige Fehlvorstellungen über den gesamten Zeitraum der Sekundarstufe I nachweisen lassen, oder ob es sich hierbei um temporäre Lernschwierigkeiten handelt. Dabei werden auch bereits analysierte Fehlvorstellungen zum Bruchzahlbegriff (vgl. Wartha, 2007) berücksichtigt, da die Prozentrechnung als angewandte Bruchrechnung aufgefasst werden kann.

7 Anlage und Methoden der Untersuchung

Entsprechend der Forschungsanbindung geht das methodische Vorgehen dieser Arbeit mit dem der PALMA-Hauptuntersuchung einher.

Im Rahmen der Anlage der Untersuchung werden sowohl die Stichprobe als auch die aus den Testinstrumenten konstruierte Subskala *Proportionalität und Prozentrechnung* (abgekürzt: P&P) mit der zugrunde liegenden Aufgabenkonzeption genauer beschrieben. Methodische Grundlage der quantitativen Auswertung bildet das dichotome Raschmodell. Die theoretische Grundlage der qualitativen Zusatzstudie bildet das Grundvorstellungskonzept, das als empirisches und diagnostisches Analyseinstrument auf die Bereiche Proportionalität und Prozent angewandt wird.

7.1 Anlage der Untersuchung

7.1.1 Stichprobe

An der ersten Erhebungswelle (Messzeitpunkt 1, abgekürzt MZP 1) am Ende des Schuljahres 2001/2002 nahm eine für Schulformzugehörigkeit, Geschlecht und Stadt-Land-Verteilung repräsentative Stichprobe bayerischer Fünftklässler an der PALMA-Studie und damit auch am Mathematik-Test teil. Die gesamte Ausgangsstichprobe wurde in jährlich aufeinander folgenden Erhebungen bis zu MZP 6 getestet. Tabelle 7.1 auf Seite 67 enthält eine entsprechende Übersicht der Gesamtstichprobe.

An dieser Stelle sei auf folgende Besonderheiten ausdrücklich hingewiesen.

☐ Es wurde versucht, vollständige Klassenverbände in die Untersuchung einzubinden. Während dies zu MZP 1 und MZP 2 nahezu problemlos realisiert werden konnte, musste die Stichprobe zu MZP 3 aufgestockt werden. Der Hauptgrund ist in der Umstrukturierung von Klassenverbänden nach der 6. Jahrgangsstufe zu sehen. An Gymnasien werden die Klassen z. B. aufgrund der Wahl der zweiten Fremdsprache neu gebildet; an Realschulen wählen die Schüler nach der 6. Klasse eine sogenannte Wahlpflichtfächergruppe mit unterschiedlichen Schwerpunkten (Näheres hierzu in Kapitel 8.2), wodurch sich die Klassenzusammensetzung normalerweise ebenfalls ändert. Mit dem Anspruch, auch ab MZP 3 gesamte Schulklassen zu testen, war es daher notwendig, neue Schüler in die Stichprobe aufzunehmen.

☐ Da es nach der Neugestaltung der Klassenverbände ab MZP 3 nicht möglich war, alle Klassen, in denen PALMA-Schüler waren, vollständig in die PALMA-Untersuchung zu integrieren, wurden sogenannte Restgruppen gebildet. Darin werden Schüler getestet, die von Beginn an an der Studie teilgenommen haben, sich aber in einer Klasse befinden, die nicht als kompletter Klassenverband weiter an der Untersuchung teilnimmt.

☐ Klassenwiederholer wurden in der Längsschnittstichprobe belassen, sodass sich ab MZP 2 nicht mehr alle Schüler der Stichprobe automatisch in derselben Klassenstufe befinden.

☐ Am Ende der Sekundarstufe I ist ein deutlicher Rückgang der Stichprobe zu erkennen. Dies lässt sich in erster Linie damit erklären, dass die Pflichtschulzeit nach neun Jahren Schulbesuch endet und der Großteil der Hauptschüler (ca. 90 %) nach MZP 5 die Schule verlässt. Bei den verbleibenden Hauptschülern handelt es sich um vergleichsweise leistungsstarke Lernende, die innerhalb der Hauptschule den Mittleren Schulabschluss nach der 10. Klasse anstreben.

Im Anschluss an die Daten aller an der PALMA-Studie teilgenommen Schüler, liefert Tabelle 7.2 einen Überblick über die reine Längsschnittstichprobe. Dabei handelt es sich um Schüler, die an den ersten fünf Messzeitpunkten am Mathematik-Test teilgenommen haben. Wie den Daten zu entnehmen ist, konnten 63,7 % der gesamten Ausgangsstichprobe über fünf Schuljahre hinweg verfolgt werden. Die Zeile MZP 6 enthält darüber hinaus diejenigen Längsschnittschüler, die auch noch zum letzten Messzeitpunkt getestet werden konnten.

Die längsschnittlichen Analysen zur Leistungsentwicklung in Kapitel 8 beziehen sich auf die reine Längsschnittstichprobe, den querschnittlichen Analysen wie z. B. zur Bearbeitung typischer Aufgabenstellungen in Kapitel 9 liegt die Querschnittstichprobe zugrunde. Im Rahmen der qualitativen Interviewstudie wurden zu den Messzeitpunkten 2 und 6 Aufgaben aus der Prozentrechnung eingesetzt. Die Interviews wurden an insgesamt drei unterschiedlichen Gymnasien durchgeführt, bei denen zu MZP 2 36 Schüler und zu MZP 6 16 Schüler befragt wurden.

		Probanden		Schulen	Klassen
MZP 1	Σ	2070		42	83
	GY	739	35,7%	14	28
	RS	561	27,1%	10	20
	HS	770	37,2%	18	35
MZP 2	Σ	2059		42	81
	GY	733	35,6%	14	28
	RS	596	28,9%	10	20
	HS	730	35,5%	18	33
MZP 3	Σ	2395		44	74
	GY	854	35,7%	14	25
	RS	808	33,7%	14	20
	HS	733	30,6%	16	29
MZP 4	Σ	2409		45	73
	GY	864	35,9%	14	25
	RS	842	35,0%	15	20
	HS	703	29,2%	16	28
MZP 5	Σ	2521		45	74
	GY	955	37,9%	14	25
	RS	849	33,7%	15	20
	HS	717	28,4%	16	29
MZP 6	Σ	1943		35	54
	GY	963	49,6%	14	26
	RS	783	40,3%	15	20
	HS	197	10,1%	6	8

Tabelle 7.1: Gesamtstichprobe

		Probanden		Geschlecht	
				w	m
MZP 1-5	Σ	1319		50,0%	50,0%
	GY	536	40,6%	45,0%	55,0%
	RS	466	35,3%	60,3%	39,7%
	HS	317	24,0%	43,2%	56,8%
MZP 6	Σ	977		51,6%	48,4%
	GY	492	50,4%	45,1%	54,9%
	RS	423	43,3%	60,5%	39,5%
	HS	62	6,3%	41,9%	58,1%

Tabelle 7.2: Längsschnittstichprobe

7.1.2 Subskala Proportionalität und Prozentrechnung

Zur Erhebung der Kompetenzen im Fach Mathematik wurde im Rahmen der PALMA-Untersuchung der Regensburger Mathematikleistungstest entwickelt und erprobt. Dabei handelt es sich um jahrgangsspezifische, Curriculum übergreifende Tests, die sowohl Kalkül- als auch Modellierungskompetenzen erfassen.

Für jede Jahrgangsstufe gibt es zwei Testhefte (Version A und B), deren Items im Multi-Matrix-Design organisiert sind, sodass Ankeritems den Vergleich der Aufgaben unterschiedlicher Testhefte auch über unterschiedliche Klassenstufen hinweg ermöglichen. Diese Aufgabenarrangements lassen sich mit dem dichotomen Rasch-Modell auswerten, das in Kapitel 7.2.1 beschrieben wird.

Für die vorliegende Arbeit werden aus dem vollständigen Aufgabenset der Hauptstudie alle Items zu proportionalen bzw. antiproportionalen Zuordnungen und zur Prozentrechnung ausgewählt und zu einer eigenen Subskala *Proportionalität und Prozentrechnung* zusammengefasst.

Die Testaufgaben zu den inhaltlichen Kompetenzbereichen Proportionalität und Prozentrechnung umfassen ein breites Spektrum von einschrittigen Standardaufgaben bis hin zu mehrschrittigen Sachaufgaben, die sowohl Kalkül- als auch Modellierungskompetenzen erfassen. Hinsichtlich der den Aufgaben zugrunde liegenden Struktur lassen sich drei Anforderungsniveaus unterscheiden, die am Beispiel der Prozentrechnung konkretisiert werden und in Abbildung 7.1 graphisch dargestellt sind (vgl. Kleine, 2004, S. 105).

Niveau (1) beinhaltet Grundaufgaben der Prozentrechnung, zu deren Lösung eine entsprechende Grundvorstellung zum Prozentbegriff aktiviert werden muss.

Niveau (2) ist durch folgende zwei Ausprägungen gekennzeichnet. Bei Aufgaben zu Niveau (2a) werden Kompetenzen aus Stufe (1) in nicht-trivialer Weise miteinander verknüpft. Sollen etwa Prozente von Prozenten bestimmt werden, muss die einschrittige Grundaufgabe *Prozentwert gesucht* zweimal nacheinander durchlaufen werden. Daneben lassen sich Aufgaben zu vermehrtem und vermindertem Grundwert der Niveaustufe (2b) zuordnen. Grundvorstellungen aus Stufe (1) werden um weitere Vorstellungen, z. B. zu Addition und Subtraktion, ergänzt.

Niveau (3) umfasst Aufgabenstellungen, bei denen Grundvorstellungen zu Stufe (2) mehrfach aktiviert werden müssen.

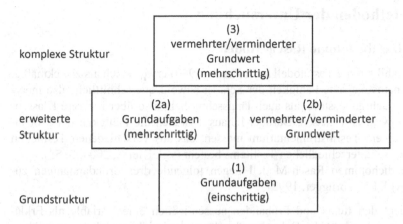

Abbildung 7.1: Anforderungsniveaus am Beispiel der Prozentrechnung

Tabelle 7.3 stellt die Anzahl der Items zur Prozentrechnung und ihre Zuordnung zu diesen Niveaustufen übersichtlich dar. Entsprechende Aufgabenbeispiele werden in den Kapiteln 9 und 10 vorgestellt, zu weiteren exemplarischen Items der PALMA-Studie sei auf vom Hofe et al. (2005) und Kleine (2004) verwiesen. Weitere Aufgabenbeispiele finden sich im Bielefelder Mathe-Check, der im Rahmen des SINUS-Projektes Diagnose und individuelle Förderung aus Teilen des PALMA-Tests weiterentwickelt wurde (vgl. Salle, vom Hofe & Pallack, 2011).

	Prozentrechnung
Niveau (1)	17
Niveau (2)	11
Niveau (3)	12
Σ	40

Tabelle 7.3: Anzahl der Testitems zur Prozentrechnung

7.2 Methoden der Untersuchung

7.2.1 Das dichotome Rasch-Modell

Das probabilistische Testmodell nach Rasch (1960) erweist sich als zweckmäßig, um die mathematische Fähigkeit der Schüler sowohl querschnittlich, also innerhalb einer Jahrgangsstufe, als auch längsschnittlich, also über mehrere Klassenstufen hinweg, zu erfassen. Darüber hinaus lässt sich die Fähigkeit der Probanden mit einem Testinstrumentarium messen, das aus verschiedenen Testheften mit teilweise unterschiedlichen Testitems besteht (vgl. Kleine, 2004, S. 53).

Dem dichotomen Rasch-Modell liegen folgende drei Grundannahmen zugrunde (vgl. Moosbrugger, 1992).

☐ Es liegt den Items und Probanden ausschließlich eine Variable als Erklärungsansatz zugrunde. Daher werden Itemschwierigkeit und Personenfähigkeit eindimensional gemessen.

☐ Aufgabenschwierigkeit und die Personenfähigkeit sind zwei unabhängige Variablen, die das Antwortverhalten eines Probanden auf ein Item bestimmen.

☐ Die Lösungswahrscheinlichkeit eines Items nimmt mit zunehmender Fähigkeit kontinuierlich und monoton zu. Die zugehörige Wahrscheinlichkeitsfunktion wird durch eine logistische Funktion definiert.

Der Zusammenhang zwischen Personenfähigkeit θ_v und Itemschwierigkeit σ_i wird durch die *Item charakteristic curve* (abgekürzt ICC) beschrieben, die eine Wahrscheinlichkeitsfunktion darstellt, mit der ein Item i in Abhängigkeit von der Personenfähigkeit gelöst wird. Dabei gilt:

$$f_i(\theta_v) = \frac{e^{\theta_v - \sigma_i}}{1 + e^{\theta_v - \sigma_i}}$$

Abbildung 7.2 enthält zwei ICCs, deren Wendepunkte die Aufgabenschwierigkeit der Items, auch Threshold genannt, widerspiegeln. In diesem Beispiel beträgt die Aufgabenschwierigkeit von Item 1 −1 und ist damit leichter als das Item 2 mit einem Threshold von +1.

Die durch die Funktionen beschriebenen Lösungswahrscheinlichkeiten der beiden Aufgaben erlauben eine theoretische Vorhersage des Lösungsverhaltens eines Probanden derart, dass ein Schüler mit einem Fähigkeitswert θ_v von 0 Item 1 mit einer Wahrscheinlichkeit von 73 % und Item 2 lediglich mit einer Wahrscheinlichkeit von 27 % löst. Bezogen auf eine größere Stichprobe kann die ICC hinsichtlich des Lösungsverhaltens so interpretiert werden, dass 73 % der Probanden mit Fähigkeitswert 0 das Item 1 richtig lösen.

Weitere Details zum Rasch-Modell finden sich etwa bei Rost (1996), Knoche & Lind (2000) und Carstensen (2000).

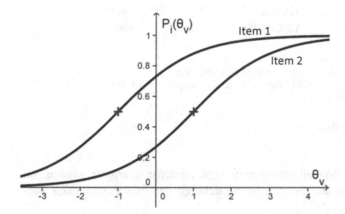

Abbildung 7.2: Item characteristic curves für zwei Items unterschiedlicher Schwierigkeit

Im Rahmen der Rasch-Skalierung des Leistungstests (durchgeführt mit der Software *ConQuest 2.0*) stellt sich die Frage, ob dieses Modell zur Beschreibung der empirischen Daten geeignet ist. Zu dieser Überprüfung gibt es unterschiedliche Methoden, wobei sich der Likelihood-Ratio-Test und der graphische Modellgeltungstest nach Anderson (vgl. Anderson, 1973) insbesondere beim Rasch-Modell anbieten. Bei beiden Tests besteht die Modellprüfung darin zu testen, ob das Antwortverhalten durch die Parameterschätzungen in zufällig ausgewählten disjunkten Teilstichproben besser erklärt werden kann als durch die Schätzung auf Basis der Gesamtstichprobe (vgl. Kleine, 2004, S. 74).

Den quantitativen Kennwerten des Likelihood-Ratio-Tests aus Tabelle 7.4 auf Seite 72 ist zu entnehmen, dass sich die Itemparameter bei Schätzung basierend auf Teilstichprobe 1 nicht signifikant von den entsprechenden Werten bezogen auf Teilstichprobe 2 unterscheiden:

$\chi^2(91) = 252727,389 - 12655,182 - 12,6082,754 = 88,453$
Signifikanzniveau $\alpha = 0,01$, n. s.

Dies spricht sowohl für eine hohe Modellgeltung als auch für die Reliabilität des Tests (vgl. Kleine, 2004, S. 72).

	-2 ln(L)	df	N
Gesamtstichprobe	252727,389	91	13397
Teilstichprobe 1	126556,182	91	6699
Teilstichprobe 2	126082,754	91	6698

Anmerkungen:
Die Freiheitsgrade werden durch die Anzahl der Items festgelegt.
Bei hinreichend großer Datenmenge ist der von *ConQuest* ausgegebene Likelihood-
Wert L annähernd χ^2-verteilt.

Tabelle 7.4: Likelihood-Ratio-Test

Für den graphischen Modellgeltungstest muss zunächst überprüft werden, ob
eine Normalverteilung der Stichprobe hinsichtlich der Personenfähigkeit vor-
liegt.

Eine Kerndichteschätzung liefert das Ergebnis in Abbildung 7.3. Ihr ist zu
entnehmen, dass die Verteilung der Personenfähigkeiten (durchgezogene Linie)
nahezu einer Normalverteilung (gestrichelte Linie) mit den aus den Daten ge-
schätzten Werten für den Mittelwert MW = 948 und der Standardabweichung
SD = 117 entspricht und diese Voraussetzung erfüllt ist.

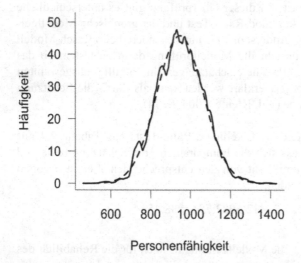

Abbildung 7.3: Normalverteilung

Wie beim Likelihood-Ratio-Test werden die Item- und Personenparameter von zwei Teilstichproben unabhängig voneinander bestimmt, mit dem Ergebnis, dass man für jedes Item zwei Thresholds erhält. Diese Datenpunkte lassen sich nach entsprechender Normierung in ein Koordinatensystem übertragen. Liegen die Punkte, wie in Abbildung 7.4, näherungsweise auf der Winkelhalbierenden des ersten und dritten Quadranten, so ist dies als qualitativer Nachweis der Modellgeltung zu interpretieren.

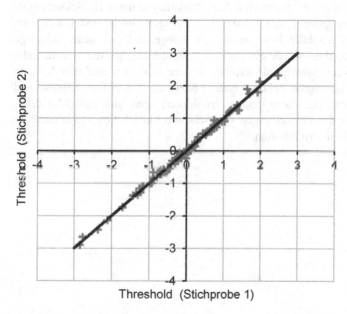

Abbildung 7.4: Graphischer Modellgeltungstest der Subskala P&P

7.2.2 Halbstandardisiertes Interview

Da sich mit dem schriftlichen Testinstrumentarium Lösungsstrategien nur bedingt erfassen und individuelle Denkprozesse beim Lösen von Aufgaben nur unzureichend analysieren lassen, wurde zusätzlich eine qualitative Interviewstudie durchgeführt. Mithilfe der Interview-Methode und der Methode des *Lauten Denkens* können sowohl Lösungs- als auch Fehlstrategien und ihre zugrunde liegenden kognitiven Prozesse und Vorstellungen von Schülern detailliert untersucht werden (vgl. Weidle & Wagner, 1982).

Für die Durchführung der Interviews wurde das halbstandardisierte Format gewählt. Zum einen soll damit eine gewisse Vergleichbarkeit zwischen den Befragungen gewährleistet werden, zum anderen ermöglicht dies auch Freiräume für individuelle Argumentationen und Denkprozesse, auf die im Laufe des Interviews gezielt eingegangen werden kann.

Bei den in den Interviews eingesetzten Testaufgaben handelt es sich um adaptierte bzw. parallelisierte Items der Hauptuntersuchung. Vor Durchführung der Interviews erfolgte eine normative Aufgabenanalyse unter Berücksichtigung verschiedener Lösungswege, zur Lösung notwendiger Grundvorstellungen und nahe liegender Fehlerquellen bzw. -strategien. Ausgehend von dieser theoriegeleiteten Aufgabenanalyse wurde ein für jede Aufgabe angepasster Leitfragenkatalog erstellt, in deren Mittelpunkt *Fragen zu Lernstrategien und zum Lernprozess* und *Sondierungsfragen* stehen. Letztere beziehen sich auf spezifische Teil- bzw. Rechenschritte, um diese genauer zu hinterfragen und aufschlussreiche Informationen über die Vorstellungen von Schülern hinsichtlich Modellansätzen und Rechenoperationen zu erhalten.

8 Leistungsmonitoring und -entwicklung

In diesem Kapitel werden globale Ergebnisse hinsichtlich Leistung und Leistungsentwicklung innerhalb der Subskala *Proportionalität und Prozentrechnung* dokumentiert. Die von *ConQuest* ausgegebenen Rasch-skalierten Leistungsdaten wurden auf einen Mittelwert von MW = 1000 und einer Standardabweichung von SD = 100 bezogen auf MZP 5 normiert.

Zunächst wird die längsschnittliche Kompetenzentwicklung von der 5. bis zur 10. Klasse der Gesamtstichprobe insgesamt sowie differenziert nach Schulformen analysiert. Dabei wird untersucht, inwieweit Gemeinsamkeiten und Unterschiede bei der Kompetenzentwicklung auf Schulformebene festzustellen sind. Ein besonderes Augenmerk der Analysen liegt auf den Lernzuwächsen zwischen den einzelnen Messzeitpunkten und darauf, inwieweit die Leistungsentwicklung kontinuierlich und gleichmäßig verläuft. Anschließend wird den Fragen nachgegangen, wie sich die Leistungsstreuung der einzelnen Schülergruppen zu den jeweiligen Messzeitpunkten darstellt und wie sie sich im Laufe der Sekundarstufe I entwickelt. Hier soll geklärt werden, ob bzw. inwieweit es Überschneidungen zwischen den Schulformen gibt.

Die Realschule stellt insofern eine Besonderheit dar, als die Lernenden dieser Schulform durch die Wahl von Wahlpflichtfächergruppen ab der 7. Jahrgangsstufe unterschiedliche Schwerpunkte wählen können. Da diese Differenzierung auch das Fach Mathematik betrifft, ist in diesem Zusammenhang von Interesse, wie sich Leistungsstand, -entwicklung und -streuung entsprechender Teilstichproben darstellen. Ebenso ist – vor allem auch aus bildungspolitischer Sicht – ein Vergleich von Gymnasium und Realschule interessant. Dabei stellt sich die Frage, inwieweit sich die Schülerleistungen dieser beiden Schulformen unterscheiden.

Weiterhin werden die Leistungen bezogen auf Schulklassen genauer untersucht. Hier sollen die Klassenleistungen innerhalb einer Schulform als auch zwischen den Schulformen verglichen werden. Neben den mittleren Leistungswerten wird auch die Leistungsstreuung in den Schulklassen berücksichtigt.

8.1 Längsschnittliche Kompetenzentwicklung auf Schulformebene

Tabelle 8.1 enthält sowohl Leistungsmittelwerte als auch Standardabweichungen der Längsschnittstichprobe. Erstere sind zudem in Abbildung 8.1 graphisch dargestellt.

Betrachtet man die Leistungsmittelwerte der Teilstichproben innerhalb eines Messzeitpunktes, so zeigen entsprechende statistische Tests, dass sich die Fähigkeiten bezogen auf die Schulformen signifikant voneinander unterscheiden (Signifikanzniveau $\alpha = 0{,}01$, siehe Anhang A.2). Gleiches gilt für die Mittelwerte zwischen je zwei Messzeitpunkten innerhalb einer Schulform (siehe Anhang A.1).

| | MW (SD) | | | |
	Gesamt	GY	RS	HS
MZP 1	850,2 (87,5)	895,5 (79,5)	848,6 (68,7)	776 (72,6)
MZP 2	915,8 (103,3)	980,2 (89,4)	905,9 (79,2)	821,4 (74,9)
MZP 3	928,7 (95,6)	964,7 (95,2)	930,7 (82,2)	864,9 (81)
MZP 4	974,1 (94,2)	1020 (86,4)	970,6 (83)	901,8 (73,9)
MZP 5	1000 (100)	1045,7 (86,5)	1000,8 (85,3)	921,6 (92,9)
MZP 6	1059 (94,3)	1081,2 (94,7)	1041 (87,6)	1005,9 (89,4)

Tabelle 8.1: Normierte Leistungswerte der Längsschnittstichprobe

Der längsschnittliche Leistungsverlauf der Gesamtstichprobe spiegelt eine insgesamt positive Entwicklung im Sinne steigender Kompetenzwerte wider. Gerade zu Beginn der Sekundarstufe I, also zwischen MZP 1 und MZP 2, ist der absolute Zuwachs auf der Leistungsskala am größten.

Aufgrund der unterschiedlichen Lehrpläne für die drei Schulformen ist eine differenzierte Betrachtung der Leistungsentwicklung erforderlich, da die Unterschiede in der curricularen Vorgehensweise andere Verläufe nahe legen.

Erwartungsgemäß spiegeln die Leistungsmittelwerte zu jedem Messzeitpunkt drei unterschiedliche Leistungsniveaus wider. Danach schneiden die Hauptschüler am schwächsten und die Gymnasiasten am besten ab, während die Leistungsentwicklung der Realschüler nahezu der der Gesamtstichprobe entspricht. Vor allem zu MZP 3 wird deutlich, dass das Realschulniveau näher am Gymnasium als an der Hauptschule anzusiedeln ist.

Besonders auffallend ist der Entwicklungsverlauf zwischen MZP 2 und MZP 3 am Gymnasium, der einen leichten Rückgang der Leistungsmittelwerte – auf einem vergleichsweise hohen Niveau – darstellt. Dies lässt sich insofern mit der Lehrplansituation erklären, als keine systematische Unterrichtung von Inhalten zu Proportionalität und Prozentrechnung für die 7. Jahrgangsstufe, also zwischen diesen beiden Testzeitpunkten, vorgesehen ist.

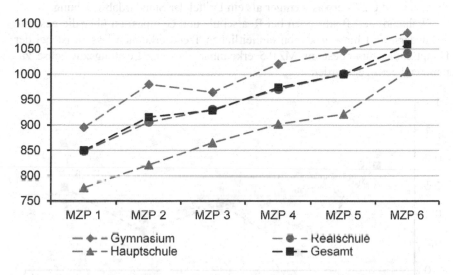

Abbildung 8.1: Längsschnittliche Leistungsentwicklung

Zur Beschreibung von Leistungszuwächsen eignet sich insbesondere bei Längsschnittstudien über die absoluten Leistungsdaten hinaus die Effektgröße bzw. Effektstärke, die als Quotient des absoluten Zuwachses bezogen auf die Standardabweichung des Vorjahres aufgefasst wird (vgl. Sommer, 2007). Der Fähigkeitszuwachs wird damit als Vielfaches der Standardabweichung angegeben, wodurch der unterschiedlichen Verteilung von Teilstichproben Rechnung getragen wird. Die Effektgrößen sind gesondert für jede Schulform in Abbildung 8.2 auf der folgenden Seite graphisch dargestellt.

Vor allem in der ersten Hälfte der Sekundarstufe I stellen sich die Effektgrößen und damit die Leistungszuwächse in den Schulformen sehr unterschiedlich dar. Während die Hauptschule zwischen MZP 1 und MZP 2 nahezu konstante Werte aufweist, zeigen die Daten der Realschule und noch deutlicher die am Gymnasium, dass den vergleichsweise hohen Leistungszuwächsen von MZP 1 zu MZP 2 mittlere bzw. negative Zuwachsraten zwischen MZP 2 und MZP 3 gegenüber stehen.

In der zweiten Hälfte der Sekundarstufe I sind die Leistungszuwächse der unterschiedlichen Schulformen vergleichbar. Die Hauptschule stellt zwischen MZP 5 und MZP 6 insofern einen Sonderfall dar, als zum letzten Messzeitpunkt nach der Pflichtschulzeit nur noch ein vergleichsweise leistungsstarker Teil der Hauptschulstichprobe am Test teilgenommen hat. Zwischen MZP 4 und MZP 5 – also im letzten Schuljahr vor Ablauf der Pflichtschulzeit – beträgt der mittlere Zuwachs mit 0,27 s etwas weniger als ein Drittel der Standardabweichung.

Während die Effektgrößen bei Realschule und Gymnasium über die gesamte Sekundarstufe I hinweg keinen einheitlichen Trend erkennen lassen, ist bei der Hauptschule zumindest bis MZP 5 erkennbar, dass die Leistungszuwächse zunehmend geringer werden.

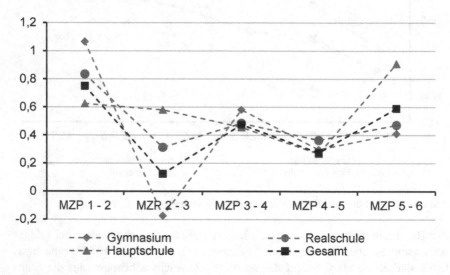

Abbildung 8.2: Effektgrößen als Maß für Leistungszuwächse

Stellt man die Verteilung der Fähigkeitswerte in Histogrammen dar (siehe Abbildung 8.3), zeichnet sich ein anderes Bild im Hinblick auf die Schulformvergleiche ab. Zu allen Erhebungszeitpunkten ist deutlich zu erkennen, dass es vor allem zwischen Gymnasium und Realschule, aber auch zwischen Realschule und Hauptschule, deutliche Überschneidungen in den Leistungsspektren der jeweiligen Schüler gibt. Dies bedeutet, dass der Großteil der Lernenden unterschiedlicher Schulformen in Bezug auf die inhaltlichen Kernbereiche Proportionalität und Prozentrechnung vergleichbare Leistungen aufzeigen. Dieses, vor allem für die Realschule, positive Ergebnis gibt den Anlass, die Leistungsentwicklung innerhalb dieser Schulform genauer zu analysieren (siehe Kapitel 8.2).

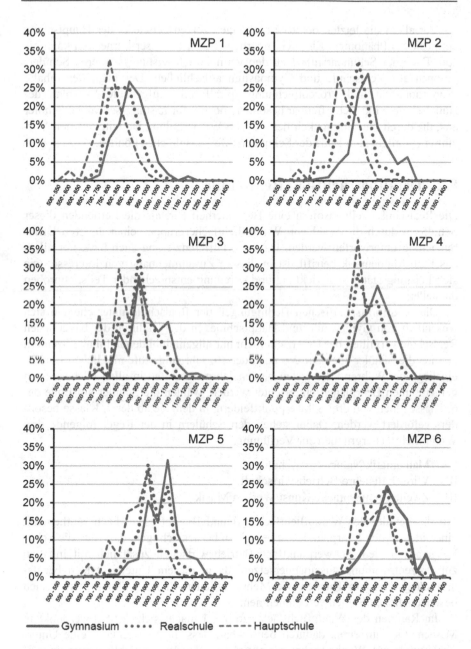

Abbildung 8.3: Leistungsverteilung im Schulformvergleich

Vor allem die letzten beiden Erhebungen zeigen gerade in der Hauptschule
ein positives Phänomen. Ein nicht unerheblicher Teil dieser Lernenden kann bis
zum Ende der Sekundarstufe I zu den vermeintlich leistungsstärkeren Schülergruppen aus Realschule und Gymnasium aufschließen. Der bzgl. der Inhalte
Proportionalität und Prozentrechnung spiralförmig aufgebaute Lehrplan der
Hauptschule wirkt sich offenbar besonders positiv für leistungsschwache Schüler
aus, die durch die Möglichkeit der stetigen Wiederholung Defizite aus den Vor-
jahren vor allem zum Ende der Sekundarstufe I ausgleichen können.

8.2   Detailbetrachtung Realschule

Die Realschule stellt insofern eine Besonderheit dar, als die Lernenden dieser
Schulform durch die Wahl von Wahlpflichtfächergruppen einer äußeren Differenzierung unterworfen werden. Da diese Differenzierung auch bzw. vor allem
das Fach Mathematik betrifft, ist in diesem Zusammenhang von Interesse, wie
sich Leistungsstand, -entwicklung und -streuung entsprechender Teilstichproben
darstellen.

Die schulformspezifischen Bedingungen der Realschule unterscheiden sich
wesentlich von Gymnasium und Hauptschule. In der Tradition der bayerischen
Realschule vermittelt der Unterricht nicht nur allgemeinbildende Inhalte, sondern
bereitet die Schüler auch auf den nach der 10. Jahrgangsstufe möglichen Berufs-
einstieg vor. Während die ersten beiden Jahrgangsstufen in allen Fächern nach
gemeinsamen Lehrplänen unterrichtet werden, wählen die Schüler am Ende der
6. Klasse einen von drei Schwerpunktfeldern, in dem sie ab der 7. Klasse besonders gefördert werden. Dabei stehen den Schülern in der Regel folgende drei
Wahlpflichtfächergruppen zur Verfügung.

I   Mathematik/Naturwissenschaften
II   Wirtschaftslehre/Betriebswirtschaft
III   Zweite Fremdsprache/Kunst/Werken/Musik

Für die Schüler der Wahlpflichtfächer II und III gibt es im Fach Mathematik
einen identischen Lehrplan. Es ist jedoch zu berücksichtigen, dass sich die Schüler gerade in dem Schwerpunktfach Betriebswirtschaft zusätzlich mit Inhalten
zur Prozentrechnung auseinandersetzen, da in diesem Unterrichtsfach berufs-
und alltagsrelevante Themen wie Mehrwertsteuer, Rabatte, Skonto, usw. einen
besonders hohen Stellenwert einnehmen.

Im Rahmen der Wahlpflichtfächergruppe I macht sich der Schwerpunkt in
Mathematik zum einen dadurch bemerkbar, dass die Stundentafel eine Unter-
richtsstunde pro Woche mehr vorsieht als bei den Wahlpflichtfächergruppen II

und III. Zum anderen werden die Schüler nach einem eigenen Lehrplan unterrichtet, der auf den Basisthemen des entsprechenden Lehrplans der anderen Wahlpflichtfächergruppen aufbaut, diese teilweise vertieft und zudem weitere mathematische Themengebiete berücksichtigt. In Bezug auf die Kerninhalte Proportionalität und Prozentrechnung ergeben sich jedoch hinsichtlich Inhalt und Umfang keine wesentlichen Unterschiede.

Tabelle 8.2 enthält einen Überblick über die Verteilung der Realschulstichprobe auf die drei Wahlpflichtfächergruppen. Für die Zuordnung des Schwerpunktfeldes ist MZP 3 ausschlaggebend.

		Probanden		Geschlecht	
				w	m
	Σ	466		281	185
Wahlplicht-	I	76	16,3%	15	61
fächergruppe	II	194	41,6%	129	65
	III	144	30,9%	105	39
	Missing	52	11,2%	32	20

Tabelle 8.2: Realschulstichprobe

Die Leistungsmittelwerte der Schüler bezogen auf die PALMA-Subskala Proportionalität und Prozentrechnung sind für die einzelnen Wahlpflichtfächergruppen in Abbildung 8.4 auf Seite 82 dargestellt. Auch wenn die Schwerpunktgruppen zu MZP 1 und MZP 2 noch nicht gewählt wurden, lassen sich die Fähigkeitswerte sozusagen rückwirkend getrennt voneinander betrachten.

Vergleicht man die Mittelwerte der ersten beiden Messzeitpunkte, zeigt sich, dass diejenigen Schüler, die später das Schwerpunktfeld Mathematik/Naturwissenschaften wählen, bereits in den Jahrgangsstufe 5 und 6 die bzgl. der Inhalte Proportionalität und Prozentrechnung leistungsstärkere Teilstichprobe darstellen. Daraus lässt sich schließen, dass die Wahl der Wahlpflichtfächergruppe (WPFG) offenbar vorrangig nach Leistungskriterien erfolgt.

Erwartungsgemäß weisen die Schüler der WPFG I zu allen Erhebungszeitpunkten signifikant höhere Leistungsmittelwerte auf als die entsprechenden Mitschüler (Signifikanzniveau $\alpha = 0,01$, siehe Anhang A.3). Vergleicht man diese Teilpopulation mit der gymnasialen Stichprobe, kann festgestellt werden, dass beide Gruppen im Mittel etwa dasselbe Leistungsniveau erreichen, wobei die Schüler der WPFG I am Ende der Sekundarstufe I durchschnittlich bessere Fähigkeitswerte verzeichnen können.

Die Schüler der WPFG II erzielen signifikant bessere Leistungen als jene Schüler aus WPFG III, obgleich sie nach demselben Lehrplan unterrichtet werden (Signifikanzniveau $\alpha = 0{,}01$, siehe Anhang A.3). Während die betreffenden Leistungsmittelwerte zu MZP 1 und MZP 2 verhältnismäßig nah beieinander liegen, zeigt sich von MZP 2 nach MZP 3 ein stärkerer Leistungszuwachs als bei WPFG II. In diesem Fall scheint sich das Fach Betriebswirtschaftslehre positiv auf die mathematische Fähigkeit in den Bereichen Proportionalität und Prozentrechnung auszuwirken.

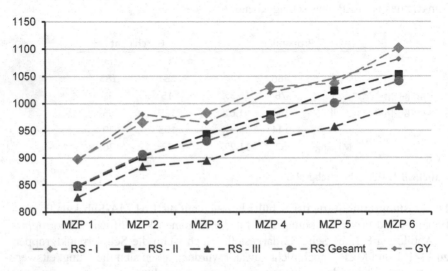

Abbildung 8.4: Kompetenzentwicklung der Realschulteilstichproben

Gegenüber den bislang positiven Ergebnissen der Realschüler in WPFG I nimmt die Entwicklung der Leistungsstreuung innerhalb dieser Teilstichprobe einen anderen Verlauf, wie Abbildung 8.5 illustriert.

Die Standardabweichung nimmt innerhalb dieser Schülergruppe besonders zum Ende der Sekundarstufe I stark zu. Dies bedeutet, dass die Leistungsspanne zwischen leistungsstärkeren und -schwächeren Schülern deutlich zunimmt und sich damit ein Schereneffekt einstellt. Im Gegensatz dazu stellen die Teilstichproben der Wahlpflichtfächergruppen II und III vergleichsweise varianzstabile und leistungshomogene Lerngruppen dar, deren Standardabweichungen von MZP 4 bis MZP 6 nahezu konstant sind.

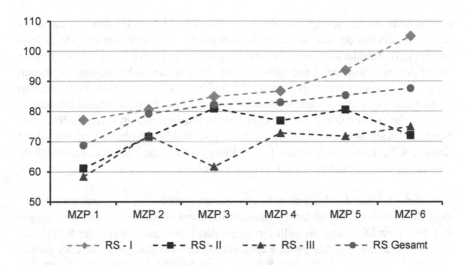

Abbildung 8.5: Standardabweichungen der Realschulstichprobe

Betrachtet man die längsschnittlichen Entwicklungsverläufe der Längsschnittstichprobe differenziert nach Schularten bzw. Wahlpflichtfachergruppen in der
Realschule, sind – vor allem zwischen Gymnasium und der WPFG I der Realschule, aber auch zwischen Haupt- und Realschule – beachtliche Überschneidungen der Leistungswerte zu beobachten.

Diese Daten zeigen, dass in allen drei Schulformen und insbesondere auch
am Gymnasium eine sehr heterogene Schülerschaft zu finden ist. Damit werden
bisherige Befunde der PALMA-Studie hinsichtlich einer ausgeprägten Heterogenität über Schulformen, Leistungen und Kompetenzen hinweg bestätigt. Gleichzeitig unterstreichen diese Zahlen auch die Kritik an der Durchlässigkeit innerhalb des dreigliedrigen Schulsystems. Zu weiteren Details hierzu siehe vom
Hofe, Hafner, Blum & Pekrun (2009).

Nachdem die globalen Leistungsdaten auf Schulformebene und im Detail innerhalb der Realschule dargelegt wurden, erfolgt im folgenden Abschnitt die Betrachtung der Fähigkeiten auf Schulklassenebene.

8.3 Analyse auf Klassenebene

In diesem Abschnitt werden die Kompetenzen bezogen auf Schulklassen aller
drei Schulformen untersucht. Zum einen werden hier je Messzeitpunkt nur Klas-

senverbände berücksichtigt, bei denen mindestens 15 Schüler den Mathematik-
test bearbeitet haben, um eine ausreichend große Teilstichprobe zu gewährleis-
ten. Da z. B. Schüler am Testtag erkrankt waren oder auch Elterngenehmigungen
zurückgezogen wurden, kann deshalb die Anzahl der Schulklassen in diesen
Detailanalysen von denen in Tabelle 7.1 auf Seite 67 abweichen. Zum anderen
werden die Kompetenzen auf Klassenebene ausschließlich querschnittlich dargestellt. Aufgrund schulorganisatorischer Umstrukturierungen in den Schulen, etwa
durch die Wahl der 2. Fremdsprache oder von Wahlpflichtfächergruppen (siehe
Kapitel 8.2), lassen sich kaum Entwicklungen vollständiger Klassenverbände
über die gesamte Sekundarstufe I hinweg verfolgen.

Abbildung 8.6 auf den folgenden beiden Seiten enthält eine vergleichende Übersicht der einzelnen Schulklassen hinsichtlich ihres Abschneidens im Leistungs-
test. In diesen Diagrammen stellt ein Kreis den Klassenmittelwert der Schülerfähigkeiten und die Whisker jeweils eine Standardabweichung dar. Darüber hinaus
sind die Klassen innerhalb einer Schulform nach aufsteigendem Mittelwert sor-
tiert. Die waagerechten durchgezogenen Linien spiegeln die Mittelwerte der
Klassenleistung wider.

Wie bei der Hauptskala unterscheiden sich die Klassenmittelwerte der drei
Schulformen derart, dass die gymnasialen Klassen im Durchschnitt am besten
und die Hauptschulklassen am schlechtesten abschneiden. Dieser Trend zeigt
sich zu allen Messzeitpunkten. Bei MZP 6 erreichen die Hauptschulklassen, die
nach der 10. Jahrgangsstufe den Mittleeren Schulabschluss anstreben, nahezu das
Niveau der Realschulklassen.
    Betrachtet man die einzelnen Schulklassen, lassen sich aber auch deutliche
Überschneidungen zwischen den drei Schulformen feststellen. So gibt es fast zu
allen Testzeitpunkten einige Hauptschulklassen, die in den Bereichen Proportionalität und Prozentrechnung besser abschneiden als die leistungsschwächste
Realschulklasse; Ähnliches gilt für den Vergleich von Realschul- und Gymnasialklassen.
    Vergleicht man die Schulklassen hinsichtlich ihrer Leistungsstreuung, fällt
auf, dass diese in allen drei Schulformen und über die gesamte Sekundarstufe I
hinweg sehr heterogen ist. Es gibt offenbar eine Vielzahl an Schulklassen mit
einem vergleichsweise breiten Leistungsspektrum, während es verhältnismäßig
wenige leistungshomogene Klassen mit einer geringen Streuung gibt. Dies bedeutet auch, dass sich in vielen Schulklassen aller drei Schulformen offensichtlich Schüler befinden, die in den alltagsnahen mathematischen Bereichen Proportionalität und Prozentrechnung das mittlere Hauptschulniveau nicht erreichen.

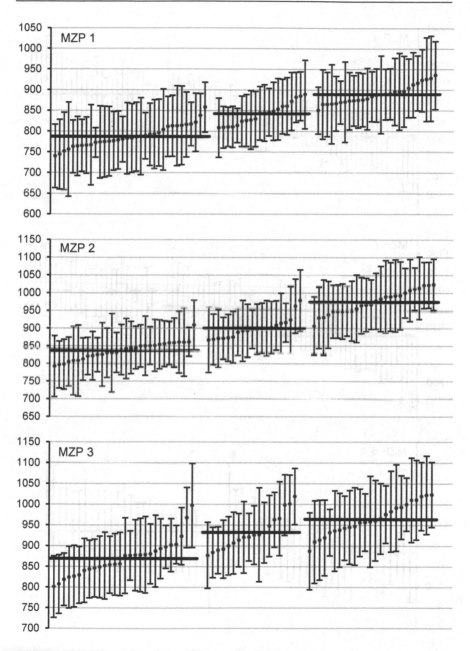

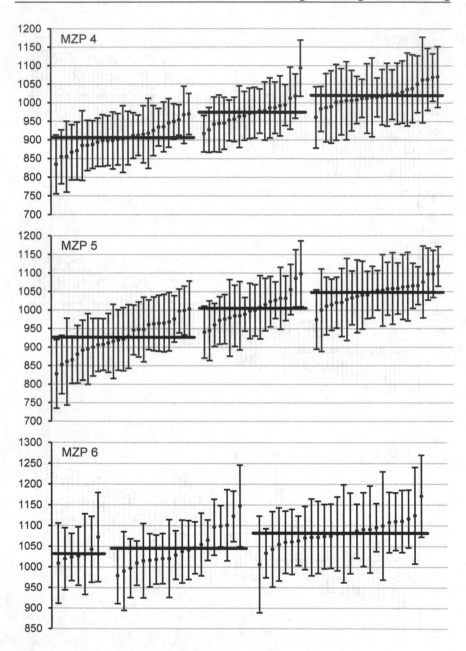

Abbildung 8.6: Klassenmittelwerte mit Standardabweichung

8.4 Zusammenfassung

Betrachtet man die längsschnittliche Kompetenzentwicklung über die Sekundarstufe I hinweg, so dokumentiert die Subskala *Proportionalität und Prozentrechnung* insgesamt einen positiven Verlauf mit durchgängiger Leistungssteigerung.
Die mittleren Fähigkeiten der Gesamtstichprobe und der schulformbedingten
Teilstichproben nehmen von Messzeitpunkt zu Messzeitpunkt zu. Einzige Ausnahme hierbei bildet das Gymnasium zwischen der 6. und 7. Klasse. Nach einem
Jahr zwischen MZP 1 und MZP 2 mit vergleichsweise hohem Zuwachs stagnie-
ren die Leistungen zwischen MZP 2 und MZP 3. Wie zu erwarten war, unterscheiden sich die Leistungsmittelwerte der drei Schulformen Gymnasium, Real-
und Hauptschule signifikant voneinander zu allen Erhebungswellen. Ebenso
erwartungsgemäß ist die absteigende Rangfolge der Leistungsmittelwerte vom
Gymnasium zur Hauptschule.

Die Effektstärken als Maß für Lernzuwächse zwischen zwei Messzeitpunkten
zeigen, dass die Leistungsentwicklungen zwischen den Schulformen und von der
5. bis zur 10. Jahrgangsstufe sehr unterschiedlich verlaufen. Während die Effektstärken zu Beginn der Sekundarstufe I zwischen den Schulformen stark variieren, sind die Zuwachsraten am Ende der Pflichtschulzeit jeweils vergleichbar.

Hinsichtlich der Leistungsstreuung konnte festgestellt werden, dass es beachtliche Überschneidungen der Leistungswerte der Schüler zwischen den Schulformen – und insbesondere zwischen Gymnasium und Realschule – gibt. Vor allem
die Realschüler mit mathematisch-naturwissenschaftlichem Profil zeigen Leistungen, die auf gymnasialem Niveau anzusiedeln sind. Die Realschulschüler der
Wahlpflichtfächergruppen II und III unterscheiden sich in ihren Kompetenzwerten signifikant voneinander, obwohl sie nach dem gleichen Lehrplan unterrichtet
werden.

Auch der Vergleich der Leistungen bezogen auf Schulklassen offenbart Überschneidungen zwischen Gymnasial-, Realschul- und Hauptschulklassen, sodass
es bzgl. Leistungsmittelwert und -streuung vergleichbare Klassen in unterschiedlichen Schulformen gibt. Außerdem fällt in den Analysen auf, dass es kaum
leistungshomogene Schulklassen gibt. Vielmehr ist in sehr vielen Klassen aller
Schulformen ein breites Leistungsspektrum zu beobachten.

9 Bearbeitung typischer Aufgabenstellungen

In Kapitel 8 wurden Schülerkompetenzen auf der Basis aller Testaufgaben zu Proportionalität und Prozentrechnung betrachtet. In diesem Abschnitt werden die Schülerlösungen anhand dreier typischer Aufgabenstellungen aus der Prozentrechnung auf Itemebene detaillierter analysiert.

Grundlage hierfür bilden die drei Items *Aktion Mensch*, *Frau Fuchs* und *Erbsen*, die jeweils eine Grundaufgabe der Prozentrechnung repräsentieren und damit alle dem Anforderungsniveau 1 zugeordnet werden können. Alle drei Grundaufgaben wurden den Schülern zu MZP 3, also am Ende der 7. Klasse, vorgelegt. Ein Taschenrechner stand zur Bearbeitung der Aufgaben nicht zur Verfügung.

Aus Tabelle 9.1 können Aufgabentyp und Schwierigkeitsparameter entnommen werden. Dabei fällt auf, dass die Grundaufgabe 1 der Prozentrechnung (*Aktion Mensch*) entgegen vielen Untersuchungen (vgl. etwa Berger, 1991 und Parker & Leinhardt, 1995) die schwierigste Aufgabe darstellt. Darauf wird in der Detailanalyse gesondert eingegangen.

Aufgabe	Grundaufgabe der Prozentrechnung	normierter Threshold *
Aktion Mensch	(1) Prozentwert gesucht	1029
Frau Fuchs	(2) Grundwert gesucht	981
Erbsen	(3) Prozentsatz gesucht	987

* Alle Aufgabenschwierigkeiten der gesamten Subskala Proportionalität und Prozentrechnung sind auf einen Mittelwert von 1000 und einer Standardabweichung von 100 normiert.

Tabelle 9.1: Einordnung der Aufgaben

Im Folgenden werden die Bearbeitungen der drei Aufgabenstellungen nacheinander und nach der gleichen Vorgehensweise untersucht. Neben globalen Ergebnissen stehen Strategie- und Fehleranalysen im Vordergrund der Untersuchung.

Zunächst erfolgt eine kurz normative Aufgabenanalyse, bei der zu erwartende Schülerlösungen und mögliche Fehlerquellen erarbeitet werden.

Die Analysen beginnen mit der Darstellung globaler Ergebnisse hinsichtlich Aufgabenbearbeitung und richtiger bzw. falscher Lösungen. Neben dem Vergleich der Lösungsquoten zwischen den drei unterschiedlichen Schulformen

werden Klassenleistungen innerhalb und zwischen den Schulformen miteinander
verglichen.

Anschließend wird der Frage nachgegangen, welche Strategien die Schüler
zur Lösung der jeweiligen Aufgaben einsetzen. Neben Häufigkeitsanalysen werden Erfolgsquoten differenziert nach Schulformen untersucht.

Schließlich werden die fehlerhaften Schülerlösungen detaillierter betrachtet
und typische Fehlerkategorien ermittelt. Dabei erfolgt eine Dokumentation dieser
Fehlstrategien anhand der Originalarbeiten.

9.1 Aufgabe: Aktion Mensch

Eine Schule überweist 65 % der Einnahmen bei einem Schulfest an
die „Aktion Mensch". Die Einnahmen betrugen 1275 €. Wie viel
Geld überweist die Schule? Schreibe auf, wie du gerechnet hast.

9.1.1 Normative Aufgabenanalyse

Zunächst wird diese Aufgabe aus normativer Sicht hinsichtlich nahe liegender
Lösungsmöglichkeiten und zu erwartenden Fehlern bei den Schülern analysiert.
Prinzipiell sei angemerkt, dass es auch innerhalb der vorgestellten Lösungsvari-
anten in der Regel mehrere Lösungsmöglichkeiten gibt.

☐ Operator-Strategien

$$1275 \, € \cdot \frac{65}{100} = 828{,}75 \, €$$
$$1275 \, € \cdot 0{,}65 = 828{,}75 \, €$$
$$(1275 \, € \cdot 65) : 100 = 828{,}75 \, €$$
$$(1275 \, € : 100) \cdot 65 = 828{,}75 \, €$$

☐ Dreisatz-Strategien

$$100 \, \% \, \triangleq \, 1275 \, €$$
$$1 \, \% \, \triangleq \, 12{,}75 \, €$$
$$65 \, \% \, \triangleq \, 828{,}75 \, €$$

$$100 \, \% \, \triangleq \, 1275 \, €$$
$$50 \, \% \, \triangleq \, 637{,}50 \, €$$
$$10 \, \% \, \triangleq \, 127{,}50 \, €$$
$$5 \, \% \, \triangleq \, 63{,}75 \, €$$
$$65 \, \% \, \triangleq \, 828{,}75 \, €$$

☐ Bruchgleichungen

$$\frac{65}{100} = \frac{x}{1275\ \text{€}}; \quad x = 828{,}75\ \text{€}$$

$$\frac{1275\ \text{€}}{100\ \%} = \frac{x}{65\ \%}; \quad x = 828{,}75\ \text{€}$$

☐ Prozentformel

$$P = \frac{G \cdot p}{100} = \frac{1275\ \text{€} \cdot 65}{100}$$

$$P = 828{,}75\ \text{€}$$

Im Wesentlichen lassen sich vier zentrale Fehlerquellen ausmachen.

☐ Rechenfehler	Bei allen Lösungsstrategien sind Rechenfehler als zu erwartende Fehler möglich. Insbesondere sind Fehler bei dem Teilschritt der Multiplikation mit 65 zu erwarten.
☐ Zuordnungsfehler bei Größen	Die beiden Zahlen der Aufgabenstellung werden einander zugeordnet: 65 % ≙ 1275 €. In diesem Fall wird der Geldbetrag von 1275 € nicht als Grundwert erkannt.
☐ Zuordnungsfehler bei mathematischen Operationen	Bei dem Lösungsansatz 1275 € : 65 wird mit der Division eine mathematische Operation verwendet, die der Sachsituation nicht angemessen ist. Mit der Division ist die Vorstellung der Verkleinerung einer Größe verbunden, sodass zur Beschreibung der Problemstellung eine ungeeignete Operation zur Anwendung kommt.
☐ Formelfehler	Die Formel zur Berechnung des Prozentwertes wird falsch widergegeben, z. B. $P = \frac{G \cdot 100}{p}$.

9.1.2 Globale Ergebnisse

Der Tabelle 9.2 sind globale Ergebnisse hinsichtlich Aufgabenbearbeitungen und Lösungshäufigkeiten zu entnehmen. Während an Gymnasien und Realschulen mit 74,3 % und 79,8 % eine vergleichbare Bearbeitungsquote zu verzeichnen ist, fällt an der Hauptschule auf, dass die Aufgabe von einem deutlich geringeren Anteil (54,9 %) bearbeitet wurde.

	N(gesamt)	Aufgaben-bearbeitungen		erfolgreiche Aufga-benlösungen	
Σ	1233	864	70,1%	328	26,6%
GY	436	324	74,3%	117	26,8%
RS	411	328	79,8%	152	37,0%
HS	386	212	54,9%	59	15,3%

Tabelle 9.2: *Aktion Mensch* - Globale Ergebnisse

Die Lösungshäufigkeit für die Gesamtstichprobe ist vergleichsweise niedrig und differenziert nach Schulformen recht unterschiedlich. An Realschulen wird die Aufgabe *Aktion Mensch* mit 37,0 % (328 von 411) am besten gelöst, in der Hauptschule sind die Ergebnisse mit lediglich 15,3 % (59 von 386) Erfolgsquote am schlechtesten, das Gymnasium liegt mit 26,8 % (117 von 436) etwa auf dem Niveau der Lösungshäufigkeit bezogen auf die Gesamtstichprobe. Das vergleichsweise schwache Abschneiden der Gymnasiasten lässt sich zum Teil damit erklären, dass sie im Laufe der 7. Jahrgangsstufe nicht in den inhaltlichen Bereichen der Prozentrechnung unterrichtet werden. Der Lehrplan der Realschule, der in der 7. Klasse die Wiederholung der Grundaufgaben und die schwerpunktmäßige Behandlung der Prozentrechnung zu vermehrtem und vermindertem Grundwert vorsieht, scheint sich dagegen positiv auszuwirken. Die Hauptschüler haben zwar gerade im vorangegangenen Schuljahr die Grundaufgaben der Prozentrechnung mit Begrifflichkeiten und Lösungsverfahren kennengelernt, können aber offensichtlich diese erworbenen Fähigkeiten noch nicht positiv umsetzen.

Die Klassenanalysen in Kapitel 8.3 haben gezeigt, dass die Klassenleistungen sehr unterschiedlich sind. Daher sollen auch im Rahmen dieser Analysen die Leistungen auf Schulklassenebene untersucht werden. Dazu sind die Lösungshäufigkeiten der Aufgabe *Aktion Mensch* bezogen auf Unterrichtsklassen in Boxplots dargestellt (siehe Abbildung 9.1). Während in der besten Klasse am

Gymnasium 64,3 % diese Aufgabe richtig lösen, gibt es auch eine Klasse, in der kein Schüler ein richtiges Ergebnis erhält. Der Median der Lösungshäufigkeiten liegt am Gymnasium bei 30,0 %, das obere Quartil bei 40,0 % und das untere Quartil bei 14,3 %.

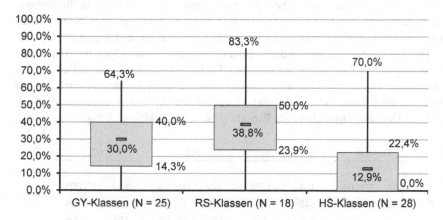

Abbildung 9.1: *Aktion Mensch* - Lösungshäufigkeiten auf Schulklassenebene

Vergleicht man die Klassen innerhalb einer Schulform, fällt bei allen drei Schulformen auf, dass die Leistungen sehr unterschiedlich sind. Auf der einen Seite gibt es jeweils mindestens eine Klasse, in der alle Schüler die Aufgabe *Aktion Mensch* nicht richtig lösen können. Auf der anderen Seite gibt es gerade an Real- und Hauptschulen vergleichsweise leistungsstarke Klassen, die die Aufgabe mit bis zu 83,3 % bzw. 70,0 % richtig bearbeiten. Bei den Hauptschulklassen ist jedoch auch festzustellen, dass es gerade im unteren Leistungsbereich sehr viele Klassen mit einer Lösungshäufigkeit von 0 % gibt, was durch die identischen Werte für Minimum und unteres Quartil veranschaulicht wird. Darüber hinaus zeigen die Boxplots, dass Realschulklassen insgesamt bessere Ergebnisse erzielen als die Gymnasialklassen.

9.1.3 Strategie-Analysen

Neben der globalen Betrachtung der Ergebnisse soll weiterhin untersucht werden, welche Strategien und Lösungsansätze die Schüler zur Aufgabenlösung anwenden und wie erfolgreich diese sind. Grundlage dieser Detailanalysen sind die 864 bearbeiteten Schülerlösungen.

94   9 Bearbeitung typischer Aufgabenstellungen

Wie in der normativen Aufgabenanalyse beschrieben, werden die unterschiedlichen Strategieansätze *Operator (O)*, *Dreisatz (D)*, *Bruchgleichungen (B)* und *Prozentformel (P)* unterschieden. Darüber hinaus werden die beiden Kategorien *nur Ergebnis notiert (n. E.)* und *sonstige Strategien (s. S.)* berücksichtigt. Unter letzterer werden sämtliche Lösungen geratet, die sich nicht in die übrigen fünf Kategorien einordnen lassen. Tabelle 9.3 auf der folgenden Seite enthält eine Übersicht über absolute und relative Häufigkeiten dieser Lösungsstrategien.

Die am häufigsten verwendeten Lösungsverfahren sind Operator- und Dreisatzstrategien, wobei sich schulformspezifische Unterschiede feststellen lassen. Nahezu die Hälfte (45,7 %) aller Lösungsansätze am Gymnasium basieren auf Operator-Strategien. An Real- und Hauptschulen kommen dagegen deutlich häufiger Dreisatz-Strategien zum Einsatz (RS: 56,4 %, HS: 49,5 %).

	Gesamt		GY		RS		HS	
Σ	864	100,0%	324	100,0%	328	100,0%	212	100,0%
O	231	26,7%	148	45,7%	61	18,6%	22	10,4%
D	377	43,6%	87	26,9%	185	56,4%	105	49,5%
B	22	2,5%	0	0,0%	22	6,7%	0	0,0%
P	45	5,2%	1	0,3%	19	5,8%	25	11,8%
s. S.	175	20,3%	86	26,5%	39	11,9%	50	23,6%
n. E.	14	1,6%	2	0,6%	2	0,6%	10	4,7%

Legende: O: Operator, D: Dreisatz, B: Bruchgleichung, P: Prozentformel
s. S.: sonstige Strategien, n. E.: nur Ergebnis notiert

Tabelle 9.3: *Aktion Mensch* - Lösungsstrategien

Das Aufstellen und Lösen von Bruchgleichungen wird nur von einer verhältnismäßig kleinen Teilstichprobe (6,7 %) der Realschüler praktiziert. In ähnlicher Weise findet die Prozentformel vergleichsweise wenig Anwendung und wird vorrangig an Hauptschulen eingesetzt, wo diese Strategie in einer ähnlichen Häufigkeit (11,8 %) wie Operator-Strategien vorkommt.

Auffallend hoch ist der Anteil an sonstigen Strategien, die nicht auf den im Unterricht gelernten Lösungsverfahren basieren. An Gymnasien und Hauptschulen greifen etwa ein Viertel (GY: 26,5 %, HS: 23,6 %) auf diese individuellen Berechnungen zurück, bei den Realschülern ist dies etwa jeder Neunte (11,9 %).

Die in Tabelle 9.4 aufgeführten Prozentsätze geben die Erfolgsquoten der Strategie-Kategorien an, also inwieweit die Aufgaben in Abhängigkeit von der zugrunde liegenden Lösungsstrategie richtig bearbeitet wurden. Bezogen auf die Gesamtstichprobe zeigt sich, dass die Operator-Strategien mit 51,1 % (der 231 Operator-Ansätze) etwas erfolgreicher sind als Dreisatz-Strategien (47,7 % von 377 Schülerbearbeitungen). Eine wesentlich geringere Erfolgsquote können die Lösungsansätze Bruchgleichung (40,9 %) und Prozentformel (40,0 %) aufweisen. Darüber hinaus liefert keine der sonstigen Strategien ein richtiges Ergebnis.

	Gesamt		GY		RS		HS	
Σ	864	38,0%	324	36,1%	328	46,3%	212	27,8%
O	231	51,1%	148	51,4%	61	49,2%	22	54,5%
D	377	47,7%	87	46,0%	185	55,7%	105	35,2%
B	22	40,9%	0	*	22	40,9%	0	*
P	45	40,0%	1	*	19	47,4%	25	32,0%
s. S.	175	0,0%	86	0,0%	39	0,0%	50	0,0%
n. E.	14	*	2	*	2	*	10	*

Legende: O: Operator, D: Dreisatz, B: Bruchgleichung, P: Prozentformel
s. S.: sonstige Strategien, n. E.: nur Ergebnis notiert
* zu geringe Teilstichprobe

Tabelle 9.4: *Aktion Mensch* - Erfolgsquote der Lösungsstrategien

Differenziert nach Schulformen zeigen sich jedoch Unterschiede in der Rangfolge der erfolgreicheren Lösungsstrategien. Während am Gymnasium die Operator-Strategien etwas erfolgreicher als Dreisatz-Strategien sind, ist die Rangfolge an Realschulen bei vergleichbarem Unterschied umgekehrt. An Hauptschulen werden Operator-Strategien zwar von verhältnismäßig wenigen Schülern (22 von 212) ausgewählt, sie führen aber bei über der Hälfte dieser Schüler zu einem richtigen Ergebnis. Die Erfolgsquote der Dreisatz-Strategien ist im Vergleich zu den anderen Schulformen mit nur 35,2 % erheblich geringer. Ähnlich erfolgversprechend sind die Lösungsansätze basierend auf der Prozentformel (32,0 %). Dieses Ergebnis ist insofern erstaunlich, als gerade in der Hauptschule vermeintlich einfache Strategien wie Dreisatz und Formel propagiert werden, da diese beiden Verfahren zum einen als leicht verständlich und zum anderen als leicht anzuwenden gelten. Offenbar können die Schüler der Hauptschule von diesen scheinbar überschaubaren Lösungsstrategien nicht in gehoffter Art und Weise profitieren.

9.1.4 Fehler-Analysen

Diese detaillierte Betrachtung der fehlerhaften Lösungsvorschläge basiert auf 536 Schülerdokumenten. Die Summe der absoluten Häufigkeiten in Abbildung 9.2 weicht von dieser Zahl ab, da sich z. B. aus falschen Lösungen der Rubrik *nur Ergebnis notiert* keine Fehlertypen ableiten lassen.

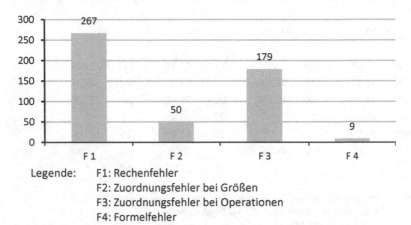

Legende: F1: Rechenfehler
            F2: Zuordnungsfehler bei Größen
            F3: Zuordnungsfehler bei Operationen
            F4: Formelfehler

Abbildung 9.2: *Aktion Mensch* - Absolute Häufigkeiten der Fehlerkategorien

Rechenfehler sind mit 267 der 536 falsch bearbeiteten Schülerlösungen die häufigste Fehlerursache. Dies ist umso erstaunlicher, als die Ergebnisse der PISA-Studien den deutschen Schülern vergleichsweise gute Resultate beim Kalkül-orientierten und damit rechnerischen Arbeiten zuschreiben. Abbildung 9.3 enthält die Fehlerhäufigkeiten bezogen auf die Grundrechenarten Multiplikation, Division, Addition und Subtraktion sowie Fehler beim Kürzen im Rahmen der Bruchrechnung.

Die meisten Rechenfehler treten demnach bei der schriftlichen Multiplikation auf, die sich in der Regel auf die Teilrechnungen 1275 € · 65 bzw. 12,75 € · 65 beziehen.

Auch bei Divisionsaufgaben lassen sich viele Rechenfehler identifizieren, die sich in erster Linie beim Verfahren der schriftlichen Division ergeben. Selten sind Stellenwertfehler bei der Division durch 100, am meisten treten Rechenfehler in Zusammenhang mit der Berechnung des Terms 1275 : 65 auf. Bei den Rechenfehlern zur Addition und Subtraktion handelt es sich um Einzelfälle, da diese Grundrechenarten zur Lösung der Aufgabe nicht zwingend erforderlich sind, und daher nur bei einzelnen Lösungen Anwendung fanden. Beispiele und weitere Details hierzu werden bei den Analysen zur Fehlerkategorie *F 3 Zuord-nungsfehler bei mathematischen Operationen* weiter unten beschrieben.

Im Rahmen von Operator-Strategien kann der dort auftretende Bruch $\frac{65}{100}$ zu-nächst gekürzt werden. Dies hat offenbar einigen wenigen Schülern Probleme bereitet.

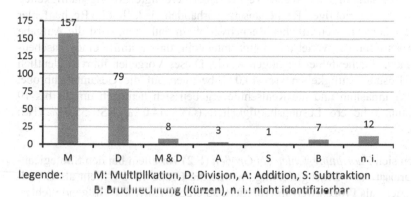

Legende: M: Multiplikation, D: Division, A: Addition, S: Subtraktion
             B: Bruchrechnung (Kürzen), n. i.: nicht identifizierbar

Abbildung 9.3: *Aktion Mensch* - Verteilung der Rechenfehler auf Rechenarten

Im Folgenden wird untersucht, inwieweit sich diese technischen Rechenfehler auf die drei Schulformen verteilen. Wie der Tabelle 9.5 auf der folgenden Seite zu entnehmen ist, sind am Gymnasium 102 der 207 falschen Bearbeitungen, also 49,3 %, mit Rechenfehlern behaftet. An Realschulen enthalten deutlich mehr als die Hälfte (54,5 %) technische Rechenfehler und schneiden damit etwas schlechter als die Gymnasiasten ab. Erstaunlicherweise weisen die Hauptschüler mit 45,1 % (69 von 153) die geringste Rechenfehlerquote auf. Dabei ist zu berück-sichtigen, dass der Anteil an Aufgabenbearbeitungen, in denen keine Rechnung durchgeführt wird, bei der Hauptschule mit 31,3 % vergleichsweise groß ist (GY: 16,4 %, RS: 25 %).

	Rechenfehler	richtige Rech-nung	keine Rechnung durchgeführt	Σ
GY	102	71	34	207
RS	96	36	44	176
HS	69	36	48	153
Σ	267	143	126	536

Tabelle 9.5: *Aktion Mensch* - Zusammenhang zwischen Rechenfehler und Schulform

Offenbar leisten die im Aufgabentext vorhanden Zahlenwerte einen entscheidenden Beitrag zu der vergleichsweise niedrigen Lösungshäufigkeit, da sowohl die
Multiplikation als auch die Division der Zahlen 1275 und 65 Rechenfehler pro-
voziert. Es stellt sich die Frage, inwieweit unter Verwendung von Rechenhilfs-
mitteln wie dem Taschenrechner bessere Leistungen erzielt werden könnten.
Dazu werden auf folgende Weise Rechenfehler-bereinigte Lösungshäufigkeiten
ermittelt: Ist ein richtiger Rechenansatz vorhanden, jedoch ein Rechenfehler
aufgrund inkorrekter schriftlicher Rechenverfahren enthalten, wird die Aufgabe
dennoch als richtig gewertet und somit unterstellt, dass mithilfe eines Taschenrechners kein Rechenfehler begangen würde. Dieses Vorgehen führt zu deutlich
höheren Lösungshäufigkeiten von 43,0 % bezogen auf die Gesamtstichprobe.
Für das Gymnasium und die Realschule ergeben sich demnach um 13 bis 19
Prozentpunkte höhere Lösungshäufigkeiten (GY: 44,0 %, RS: 55,7 %, HS:
28,2 %).

Es zeigen sich *Zuordnungsfehler bei Größen* (F 2) vor allem bei den Strategiean-
sätzen Dreisatz und Bruchgleichung. Wurde die Größe 1275 € nicht als Grundwert, sondern als Prozentwert interpretiert, so ergaben sich z. B. folgende fehlerhafte Rechen- und Modellansätze.

□ Dreisatz $65\% \triangleq 1275\,€$

□ Bruchgleichung $\frac{65}{100} = \frac{1275}{x}$ bzw. $\frac{1275\,€}{65\%} = \frac{x}{100\%}$

Sowohl absolute als auch relative Häufigkeiten dieser Fehlstrategien sind in
Tabelle 9.6 abgebildet. Demnach lassen sich etwas mehr als ein Fünftel (21,9 %)
der falschen Dreisatz-Lösungen durch diesen Zuordnungsfehler erklären. Bei den
Bruchgleichungen basieren fast ein Drittel (30,8 %) der falschen Lösungen auf
dieser Fehlerquelle.

	Anzahl der Zuord- nungsfehler bei Größen	Anteil bezogen auf falsche Lösungen dieser Lösungs- strategie
D	43	21,9%
B	4	30,8%

Legende: D: Dreisatz, B: Bruchgleichung

Tabelle 9.6: *Aktion Mensch* - Zuordnungsfehler bei Größen

Die in 179 auftretenden Fällen zweitgrößte Fehlerursache sind *Zuordnungsfehler bei mathematischen Operationen* (F 3).
Von Schülern vorgeschlagene Rechenansätze und ihre absoluten Häufigkeiten sind in Abbildung 9.4 dargestellt. In diesen Rechnungen werden also Operationen verwendet, die der zugrunde liegenden Sachsituation bzw. -struktur nicht angemessen sind. Dabei handelt es sich um Modellierungsfehler bei der Übersetzung der Sachsituation in einen geeigneten mathematischen Term.

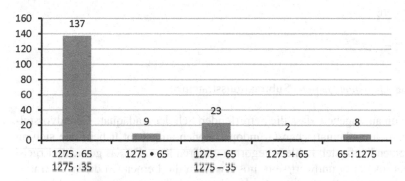

Abbildung 9.4: *Aktion Mensch* - Zuordnungsfehler bei mathematischen Operationen

Der in diesem Zusammenhang häufigste Rechenansatz (76,5 %) beruht auf einer Division, bei der die größere Zahl (1275) durch die kleinere Zahl (65 bzw. 35 als Komplement zu 100) geteilt wird. Abbildung 9.5 enthält je ein Beispiel, wobei letzteres neben dem inadäquaten Rechenansatz auch technische Rechenfehler beim schriftlichen Verfahren der Division enthält.

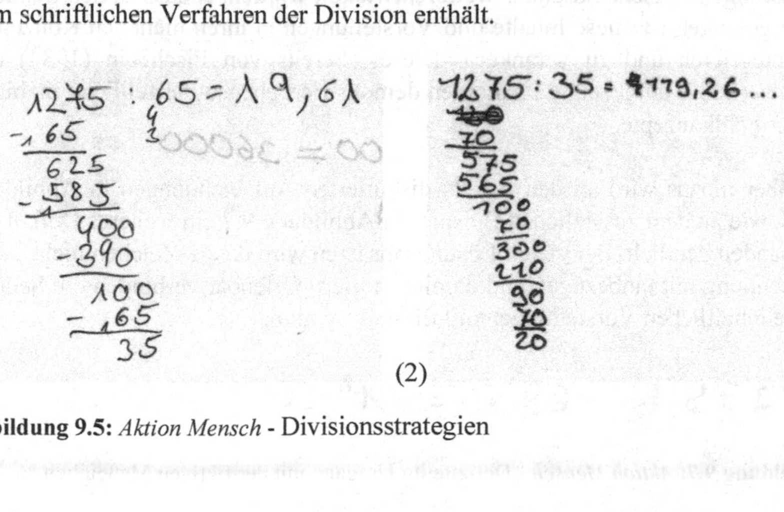

(1)   (2)

Abbildung 9.5: *Aktion Mensch* - Divisionsstrategien

In ähnlicher Weise werden als zweithäufigster Modellansatz (12,8 %) Differenzen konstruiert. Dabei wird die in dem Prozentsatz enthaltene natürliche Zahl (65 bzw. 35) von 1275 subtrahiert (siehe entsprechende Schülerdokumente in Abbildung 9.6).

(1) $1275€ - 65\% = 1010€$

         $\underline{1240€}$

(2) $1275€ - 35\%$

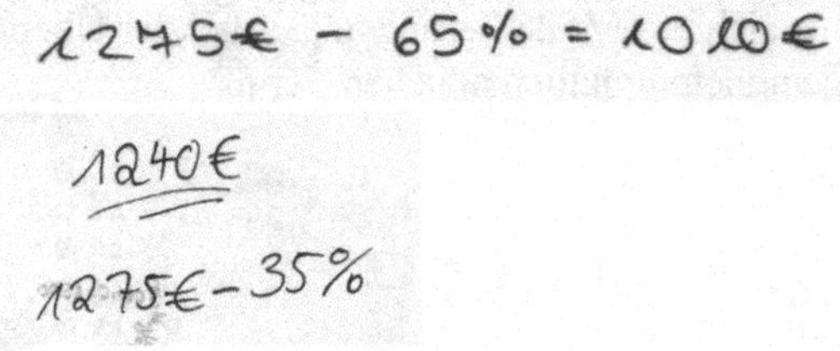

Abbildung 9.6: *Aktion Mensch* - Subtraktionsstrategien

Es ist davon auszugehen, dass die betreffenden Schüler inadäquate Grundvorstellungen zu den mathematischen Grundoperationen aufgebaut haben, wie sich an diesen beiden häufigsten Fehlerkategorien erklären lässt. Da das gesuchte Ergebnis kleiner als der Grundwert sein muss, wählen die Lernenden daher Operationen, die sie mit *Verkleinern* bzw. *Verringern* verbinden. Dies führt dazu, dass die Schüler basierend auf den während der Grundschulzeit aufgebauten und bekannten Grundvorstellungen des *Wegnehmens* und *Aufteilens* ausschließlich auf die mathematischen Operationen des *Subtrahierens* und *Dividierens* zurückgreifen. Offenbar sind die Grundvorstellungen zu diesen Operationen im Rahmen der Zahlbereichserweiterung von $\mathbb{N}$ auf $\mathbb{Q}$ nicht um die multiplikative Anteilsbildung mit Brüchen zwischen 0 und 1 weiterentwickelt worden, sodass es den Schülern nicht gelungen ist, diese Inhalte und Vorstellungen in ihren mentalen Konzepten zu integrieren und zu verankern. Dieses, bereits von Fischbein (1984) und Wartha (2007) aufgezeigte Phänomen demonstriert ebenso die zeitliche Stabilität dieser Fehlkonzepte.

Darüber hinaus wird an den bereits diskutierten Aufzeichnungen in Abbildung 9.6 sowie an dem zusätzlichen Beispiel in Abbildung 9.7 ein weiteres Defizit der Probanden deutlich. Bei vielen Lösungsansätzen wird das %-Zeichen nicht in die Berechnung mit einbezogen und damit ignoriert. Offenbar verbinden die Schüler keine inhaltlichen Vorstellungen mit diesem Symbol.

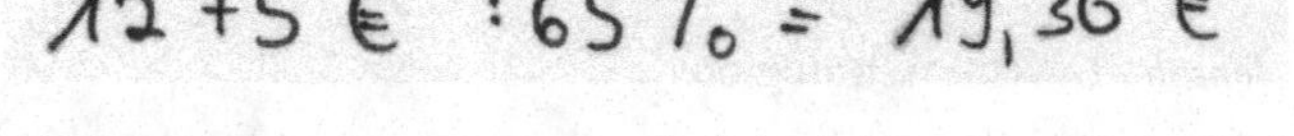

$1275 € : 65\% = 19,36 €$

Abbildung 9.7: *Aktion Mensch* - Defizite im Umgang mit der fiktiven Maßeinheit %

In Abbildung 9.2 auf Seite 96 stellt die Fehlerkategorie *F 4 falsche Formel* mit neun Einträgen den mit Abstand kleinsten Bereich dar. Dabei sollten jedoch auch die entsprechenden Grundwerte berücksichtigt werden: von insgesamt 45 Lösungen, die auf der Prozentformel basieren, führen 18 zu einem falschen Ergebnis. Dies bedeutet, dass die Hälfte der mittels Prozentformel falsch bearbeiteten Schülerlösungen ausschließlich auf falsch gelernte bzw. reproduzierte Formeln zurückzuführen sind.

9.2 Aufgabe: Frau Fuchs

> Für eine Urlaubsreise muss Frau Fuchs 40 % der Reisekosten anzahlen. Das sind 720 €. Wie teuer ist die Reise? Schreibe auf, wie du gerechnet hast

9.2.1 Normative Aufgabenanalyse

Angesichts der Aufgabenstellung sind folgende Lösungen naheliegend.

- [ ] Operator-Strategien

$$720\,\text{€} : \frac{40}{100} = 1800\,\text{€}$$
$$720\,\text{€} : 0{,}40 = 1800\,\text{€}$$
$$(720\,\text{€} : 40) \cdot 100 = 1800\,\text{€}$$
$$(720\,\text{€} \cdot 100) : 40 = 1800\,\text{€}$$

- [ ] Dreisatz-Strategien

$$40\,\% \,\triangleq\, 720\,\text{€}$$
$$1\,\% \,\triangleq\, 18\,\text{€}$$
$$100\,\% \,\triangleq\, 1800\,\text{€}$$

$$40\,\% \,\triangleq\, 720\,\text{€}$$
$$20\,\% \,\triangleq\, 360\,\text{€}$$
$$100\,\% \,\triangleq\, 1800\,\text{€}$$

- [ ] Bruchgleichungen

$$\frac{40}{100} = \frac{720\,\text{€}}{x}; \quad x = 1800\,\text{€}$$

$$\frac{720\,\text{€}}{40\,\%} = \frac{x}{100\,\%}; \quad x = 1800\,\text{€}$$

- Prozentformel

$$G = \frac{P \cdot 100}{p} = \frac{720 \,€ \cdot 100}{40}$$
$$G = 1800 \,€$$

In Analogie zur Aufgabe *Aktion Mensch* lassen sich aus der Aufgabenstruktur folgende vier Fehlermöglichkeiten unterschieden.

□ Rechenfehler	Auch wenn im Rahmen der Berechnung nur ganzzahlige Ergebnisse vorkommen, sind Rechenfehler zu erwarten.
□ Zuordnungsfehler bei Größen	Hinsichtlich der Zuordnung zugrunde liegender Größen ist mit Schülerfehlern zu rechnen, insbesondere, dass der gesuchte Geldbetrag einem Prozentwert von 100 % entspricht.
□ Zuordnungsfehler bei mathematischen Operationen	Ausgehend von inadäquaten Vorstellungen zu den mathematischen Grundoperationen können seitens der Schüler falsche Rechenansätze mit unerwarteten Rechenzeichen auftreten. Der Modellansatz 720 + 40 ergibt sich beispielsweise als Summe von Anzahlung und Restzahlung.
□ Formelfehler	Da keine Formelsammlung zur Bearbeitung der Aufgaben zugelassen war, ist es möglich, dass Schüler die zur Lösung herangezogene Formel falsch widergeben, z. B. $G = \frac{p \cdot 100}{P}$.

9.2.2 Globale Ergebnisse

Die Ergebnisse in Tabelle 9.7 zeigen Bearbeitungsquoten für die Aufgabe *Frau Fuchs*, die mit denen von Aufgabe *Aktion Mensch* nahezu identisch sind. Damit ergibt sich auch bei dieser Aufgabe ein vergleichsweise niedriger Prozentsatz an

Bearbeitungen für die Hauptschule (56,8 % im Gegensatz zu 74,3 % und 79,8 %). Anders verhält es sich mit den Lösungshäufigkeiten: An Gymnasien und Realschulen sind fast die Hälfte (46,7 % bzw. 49,4 %) aller Schüler in der Lage, diese Aufgabe richtig zu lösen, bei den Hauptschülern ist es etwa jeder Vierte (25,9 %). Damit wird die Aufgabe *Frau Fuchs* insgesamt im Durchschnitt bei allen drei Schulformen deutlich besser bearbeitet als die Aufgabe *Aktion Mensch*. Angesichts der alltagspraktischen Relevanz dieser Aufgaben entspricht jedoch aus mathematikdidaktischer und pädagogischer Sicht eine Lösungshäufigkeit von 41,4 % nicht dem erwünschten Ziel.

	N(gesamt)	Aufgaben-bearbeitungen		erfolgreiche Aufgabenlösungen	
Σ	1162	830	71,4%	481	41,4%
GY	418	317	75,8%	195	46,7%
RS	397	316	79,6%	196	49,4%
HS	347	197	56,8%	90	25,9%

Tabelle 9.7: *Frau Fuchs* - Globale Ergebnisse

Wie aufgrund dieser Auswertungen zu erwarten und anhand der Abbildung 9.8 ersichtlich ist, stellen sich im Vergleich zur Aufgabe *Aktion Mensch* die Leistungen auf Klassenebene ebenfalls besser dar.

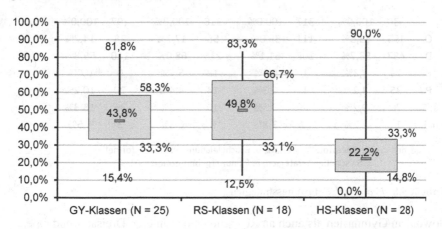

Abbildung 9.8: *Frau Fuchs* - Lösungshäufigkeiten auf Schulklassenebene

Die Daten am Beispiel der Hauptschule zeigen, dass in der besten Hauptschul-klasse 90,0 % der Schüler die Aufgabe *Frau Fuchs* lösen können. Am unteren Ende der Skala gibt es hingegen auch eine Schulklasse, in der kein Schüler (0,0 %) eine richtige Lösung vorweisen kann. Der Median der Lösungshäufig-keiten liegt bei 22,2 %, das obere Quartil bei 33,3 % und das untere Quartil bei 14,8 %.

Die Whisker der Boxplots dokumentieren in allen Schulformen, dass die Lö-sungshäufigkeiten innerhalb des Pools aller Schulklassen stark streuen. Am aus-geprägtesten ist dies an der Hauptschule zu beobachten. Während es drei ver-gleichsweise leistungsstarke Schulklassen mit Lösungshäufigkeiten von 90,0 %, 77,8 % und 76,9 % gibt, können in den restlichen Klassen nur weniger als die Hälfte – bis hin zu keinem einzigen richtigen Ergebnis – diese Aufgabe lösen. Der Vergleich von Gymnasium und Realschule zeigt eine ähnliche Verteilung der Klassenleistungen, wobei bei beiden Schulformen unerwartet schwache und nicht zufriedenstellende Klassenergebnisse festzustellen sind.

9.2.3 Strategie-Analysen

Tabelle 9.8 zeigt die Verteilung der in den 830 Schülerlösungen verwendeten Strategien hinsichtlich der oben beschrieben Kategorien **Operator**, **Dreisatz**, **Bruchgleichungen**, **Prozentformel**, sonstige Strategien und **nur Ergebnis** notiert.

	Gesamt		GY		RS		HS	
Σ	830	100,0%	317	100,0%	316	100,0%	197	100,0%
O	195	23,5%	111	35,0%	56	17,7%	28	14,2%
D	487	58,7%	162	51,1%	215	68,0%	110	55,8%
B	19	2,3%	1	0,3%	18	5,7%	0	0,0%
P	35	4,2%	1	0,3%	14	4,4%	20	10,2%
s. S.	76	9,2%	30	9,5%	10	3,2%	36	18,3%
n. E.	18	2,2%	12	3,8%	3	0,9%	3	1,5%

Legende: O: Operator, D: Dreisatz, B: Bruchgleichung, P: Prozentformel
s. S.: sonstige Strategien, n. E.: nur Ergebnis notiert

Tabelle 9.8: *Frau Fuchs* - Lösungsstrategien

Sowohl an Gymnasien als auch an Realschulen dominieren Dreisatz- und Opera-tor-Strategien, an Hauptschulen ist darüber hinaus der Anteil an sonstigen Stra-tegien vergleichsweise hoch. Insgesamt fällt auf, dass in allen drei Schulformen bei dieser Aufgabe mit Abstand die meisten Lösungsansätze auf dem Dreisatz-Gedanken basieren. Dies lässt sich teilweise auf den in der Aufgabenstellung enthaltenen Wortlaut *40 % der Reisekosten (...). Das sind 720 €* zurückführen, in dem die Zuordnung zwischen dem Prozentsatz von 40 % und dem Geldbetrag von 720 € nahe gelegt wird. Die Strategien Bruchrechnung und Prozentformel spielen dagegen eine untergeordnete Rolle, wobei Bruchgleichungsansätze mit einer Ausnahme nur bei Realschülern und die Anwendung einer Formel in erster Linie bei Real- und Hauptschülern festzustellen sind. Wie bei der Aufgabe *Aktion Mensch* stellen gerade am Gymnasium (9,2 %) und noch mehr an Hauptschulen (18,3 %) sonstige Strategien für vergleichsweise viele Schüler eine erfolgversprechende Alternative dar.

Tabelle 9.9 enthält die Erfolgsquoten bzgl. der Lösungsstrategien.

	Gesamt		GY		RS		HS	
Σ	830	58,0%	317	61,5%	316	62,0%	197	45,7%
O	195	54,4%	111	58,0%	56	51,8%	78	47,9%
D	487	69,2%	162	74,1%	215	68,4%	110	63,6%
B	19	57,9%	1	*	18	55,6%	0	*
P	35	42,9%	1	*	14	64,3%	20	25,0%
s. S.	76	6,6%	30	6,7%	10	*	36	2,7%
n. E.	18	38,9%	12	*	3	*	3	*

Legende: O: Operator, D: Dreisatz, B: Bruchgleichung, P: Prozentformel
s. S.: sonstige Strategien, n. E.: nur Ergebnis notiert
* zu geringe Teilstichprobe

Tabelle 9.9: *Frau Fuchs* - Erfolgsquote der Lösungsstrategien

69,2 % aller 487 Schülerlösungen mit Dreisatz-Strategien führen zu einem richtigen Endergebnis und stellen in allen Schulformen auch die erfolgreichste Lösungsstrategie dar (GY: 74,1 %; RS: 68,4 %; HS: 63,6 %). Der Dreisatz-Lösungsansatz ermöglicht den Schülern auch, sich der Lösung der Aufgabe im Sinne des Vorwärtsarbeitens anzunähern, was den Schülern sicherlich entgegen kommt. Mit 15,5 bzw. 20,7 Prozentpunkten niedrigeren Erfolgsquoten belegen die Operator-Strategien an Gymnasium und Hauptschule Platz 2 der Rangfolge. An Realschulen stellen die Operator-Strategien mit 51,8 % nur die vierterfolgreichsten Lösungsansätze dar. Dabei ist jedoch zu berücksichtigen, dass die entsprechenden Prozentsätze für Bruchgleichungen (55,6 %) und Prozentformel

(64,3 %) auf einem vergleichsweise geringen Grundwert beruhen. Auch bei dieser Aufgabe liefern sonstige Lösungsansätze kaum richtige Ergebnisse (6,6 % aller Bearbeitungen). Dagegen lassen etwas mehr als $\frac{1}{3}$ der Schülerlösungen, die nur ein Ergebnis ohne zugehörige Rechenschritte aufgeschrieben haben, eine richtige Bearbeitung vermuten. Dies liegt sicherlich auch daran, dass die der Aufgabe zugrunde liegenden Teilrechnungen im Kopf durchgeführt werden können und damit nicht auf schriftliche Rechenverfahren zurückgegriffen werden muss.

9.2.4 Fehler-Analysen

Ausgehend von 349 falschen Schülerlösungen stellen sich die Häufigkeiten der Fehler wie in Abbildung 9.9 dar.

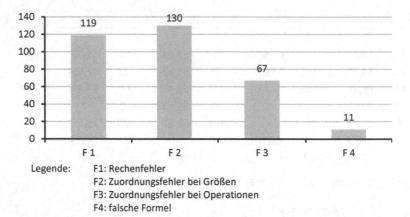

Abbildung 9.9: *Frau Fuchs* - Absolute Häufigkeiten der Fehlerkategorien

Anders als bei der Aufgabe *Aktion Mensch* sind Zuordnungsprobleme bei Größen mit 37,2 % (130 von 349) die häufigste Fehlerursache, dicht gefolgt von Rechenfehlern (34,1 %, N_{F1} = 119). Zuordnungsfehler hinsichtlich Operationen treten mit einer absoluten Häufigkeit von 67 (19,2 %) auf. Wenn man berücksichtigt, dass es nur 15 falsche Schülerlösungen basierend auf der Prozentformel gibt, erklären die 11 inkorrekt widergegebenen Formeln einen hohen Anteil der falschen Lösungen hinsichtlich dieser Lösungsstrategie.

In etwas mehr als einem Drittel der nicht gelungenen Lösungsversuche lassen sich *Rechenfehler* finden. Angesichts der für die 7. Jahrgangsstufe verhältnismäßig einfachen Rechenschritte (Multiplikation und Division in ℕ) ist der Anteil dieser Fehlerkategorie unerwartet hoch. Die häufigsten Rechenfehler resultieren – wie Abbildung 9.10 zeigt – aus den beiden der Aufgabenstruktur zugrunde liegenden Teiloperationen Multiplikation und Division. Insbesondere bereitet das schriftliche Dividieren durch 40 einer Vielzahl von Schülern Schwierigkeiten. Die Rechenfehler auf der Basis des schriftlichen Multiplizierens beziehen sich im Wesentlichen auf die Terme $720 \cdot 40$ und $720 \cdot 60$, denen bereits ein fehlerhafter Rechenansatz zugrunde liegt.

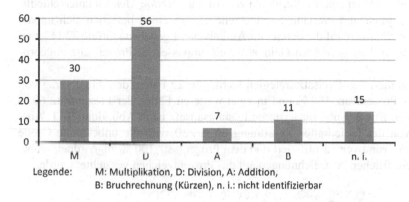

Legende: M: Multiplikation, D: Division, A: Addition,
             B: Bruchrechnung (Kürzen), n. i.: nicht identifizierbar

Abbildung 9.10: *Frau Fuchs* - Verteilung der Rechenfehler auf Rechenarten

Den Daten aus Tabelle 9.10 ist darüber hinaus zu entnehmen, dass am Gymnasium 26,2 % (32 von 122) der falsch bearbeiteten Schülerlösungen Rechenfehler enthalten. Während dieser Anteil an Hauptschulen mit 30,8 % nur geringfügig höher ist, sind mit 44,2 % etwas weniger als die Hälfte der fehlerhaften Schülerdokumente an Realschulen mit technischen Rechenfehlern behaftet.

	Rechenfehler	richtige Rechnung	keine Rechnung durchgeführt	Σ
GY	32	11	79	122
RS	53	19	48	120
HS	33	17	57	107
Σ	118	47	184	349

Tabelle 9.10: *Frau Fuchs* - Zusammenhang Rechenfehler und Schulform

Weiterhin fällt auf, dass die relativen Häufigkeiten der Aufgaben ohne Rechnung – im Vergleich mit der Aufgabe *Aktion Mensch* – deutlich höher sind (GY: 64,8 %; RS 40 %; HS: 53,3 %). Dabei handelt es sich um Schülerlösungen, bei denen zwar eine Bearbeitung der Aufgabe erkennbar ist, jedoch keine Rechnung durchgeführt wurde.

Zuordnungsfehler bei Größen (F 2) stellen bei der Aufgabe *Frau Fuchs* die Hauptfehlerquelle dar, insbesondere in Zusammenhang mit Dreisatz- und Operatorstrategien. Dabei sind im Vergleich zur Aufgabe *Aktion Mensch* unterschiedliche Fehlertypen und -varianten festzustellen: Zum einen beziehen sich unpassende Zuordnungen auf die bereits im Aufgabentext gegebene Größe 720 €, zum anderen wird dem gesuchten Geldbetrag ein unpassender Prozentsatz zugeordnet.

Im Rahmen von Dreisatzstrategien werden in 27 Fällen dem Geldbetrag von 720 € der Prozentsatz 100 % und in zwei weiteren Fällen der Prozentsatz 60 % zugeordnet. Ein Beispiel für letzteren Lösungsansatz ist in Abbildung 9.11. Ausgehend von der fehlerhaften Zuordnung 60 ≙ 720 wird die unbekannte Größe richtig als Grundwert identifiziert und dem Prozentsatz 100 % zugeordnet, wobei in den schriftlichen Aufzeichnungen auf das Prozentzeichen verzichtet wurde.

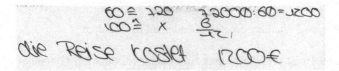

Abbildung 9.11: *Frau Fuchs* - Zuordnungsfehler beim Prozentwert

Wird, wie in Abbildung 9.12 gezeigt, zunächst die Zuordnung 720 € ≙ 100 % vorgenommen, ergeben sich zwangsweise auch Fehler in der Zuordnung hinsichtlich der gesuchten Größe. Im Anschluss an die Nebenrechnung 72 · 4 und der darauf folgenden Division durch 10, die offenbar im Kopf durchgeführt wurde, wird der Wert 28,8 dem Prozentsatz von 4 % zugeordnet. Um auf den zu 40 % gehörigen Geldbetrag zu schließen, multipliziert die Schülerin das Zwischenergebnis mit 10, wobei ihr ein Fehler unterläuft, wie am Subtrahend der zweiten Rechnung zu erkennen ist. In einem letzten Rechenschritt wird dieser ermittelte Geldbetrag von der Anzahlung (720,00) subtrahiert und das Ergebnis (439,20) als Kosten der Reise interpretiert. Darüber hinaus erkennt die Schülerin nicht, dass die Gesamtkosten geringer als die Anzahlung in Höhe von 720 € sind und damit dieses Ergebnis unrealistisch ist.

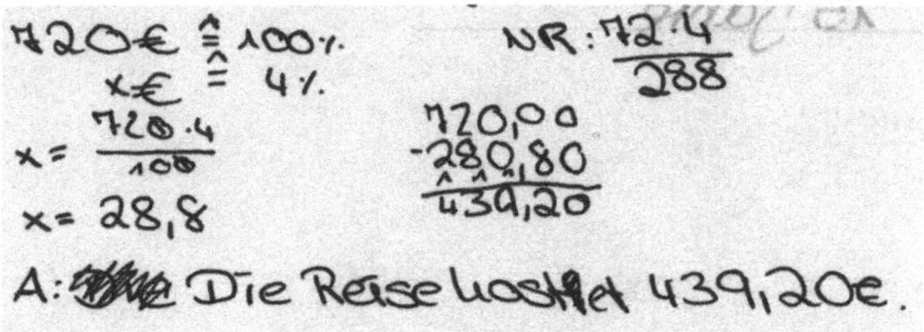

Abbildung 9.12: *Frau Fuchs* - Zuordnungsfehler bei Größen

Die fehlerhafte Zuordnung des gesuchten Grundwerts zu einem Prozentwert ungleich 100 % lässt sich nicht nur bei bereits im Ansatz fehlerhaften Lösungen sondern auch bei Lösungen basierend auf einem richtigen Ansatz beobachten. Bei 20 Schülerdokumenten wird zwar von der korrekten Zuordnung 720 € ≙ 40 % ausgegangen, der gesuchte Wert wird allerdings nicht als Grundwert identifiziert. In sechs Fällen wird das gesuchte Ergebnis dem Prozentsatz 140 % (siehe Abbildung 9.13) und in 23 Fällen dem Prozentsatz 60 % zugeordnet.

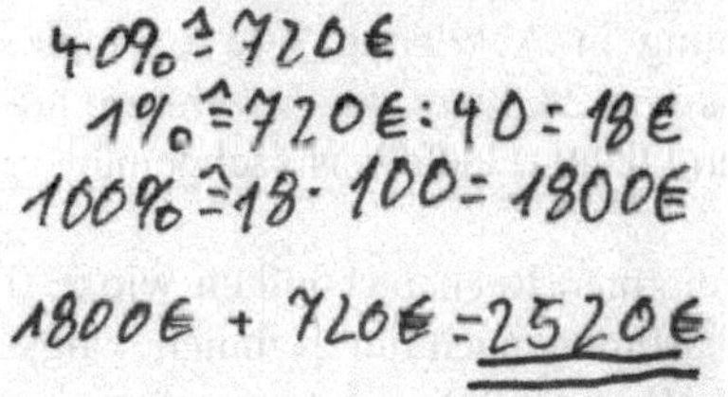

Abbildung 9.13: *Frau Fuchs* - Zuordnungsfehler beim Grundwert

Besonders bei Operatorstrategien sind fehlerhafte Zuordnungen hinsichtlich der Größen Grundwert und Prozentwert festzustellen. 60 Lösungsansätzen liegt die Verwechslung der beiden Werte zugrunde, sodass die in der Aufgabenstellung gegebenen Zahlen 720 und 40 % multiplikativ verknüpft werden. Abbildung 9.14 auf der folgenden Seite enthält zwei Beispiele, bei denen der Prozentsatz in unterschiedlicher Weise (Hundertstel-Bruch, Dezimalbruch) verarbeitet und in die Rechnung integriert wird.

Im ersten Exempel wird darüber hinaus der Zuordnungsfehler deutlich, da die (falsch) berechneten 228 € als Anzahlung und damit die 720 € als Gesamtkosten interpretiert werden. Analoge Schülerlösungen bezogen auf den Prozentsatz von 60 % können in fünf Fällen nachgewiesen werden.

$$\frac{40}{100} \cdot 720€ =$$

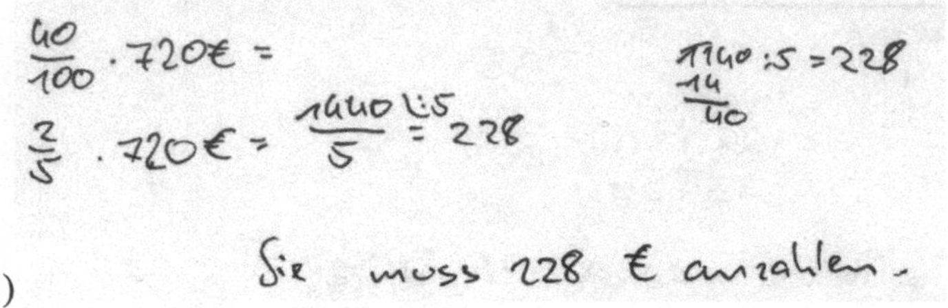

$$\frac{3}{5} \cdot 720€ = \frac{1440 : 5}{5} = 228$$

$$1440 : 5 = 228$$
$$\frac{14}{40}$$

(1)   Sie muss 228 € anzahlen.

$$720 \cdot 0,4 = 288,0$$
(2) $$288,0$$

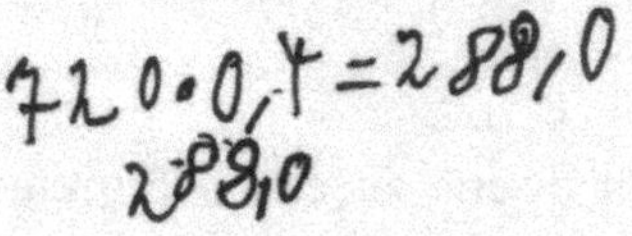

Abbildung 9.14: *Frau Fuchs* - Zuordnungsfehler in Verbindung mit Operatorstrategien

An einem Beispiel ist bereits gezeigt worden, dass ein Ergebnis unter 720 € nicht reflektiert wird. Bei insgesamt elf Schülern können zusätzliche Lösungsschritte identifiziert werden, die ein unrealistisches Zwischenergebnis so anpassen, dass ein realistischeres Endergebnis erzielt wird. Wie die mit einem zusätzlichen Stellenwertfehler behaftete Schüleraufzeichnung in Abbildung 9.15 exemplarisch verdeutlicht, wird das Zwischenergebnis von 28,80 zu der Anzahlung addiert, sodass sich ein höherer Gesamtbetrag und damit eine etwas sachgemäßere Lösung ergibt.

Ähnliche Anpassungsstrategien, die auf gelernten Rechentechniken wie z. B Kommaverschiebung und Runden basieren, wurden auch im Rahmen längsschnittlicher Analysen zur Bruchrechnung von Wartha (2007) nachgewiesen.

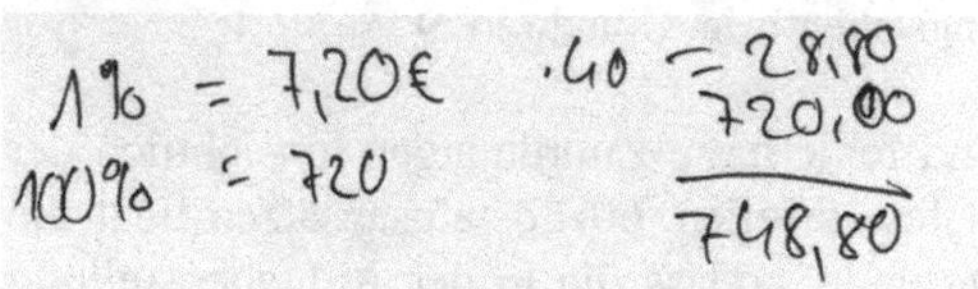

$$1\% = 7,20€ \qquad \cdot 40 = 28,80$$
$$100\% = 720 \qquad \qquad 720,00$$
$$\overline{748,80}$$

Abbildung 9.15: *Frau Fuchs* - Anpassung von Ergebnissen

Zuordnungsfehler bei mathematischen Operationen (F 3) treten bei 67 der 349 falschen Bearbeitungen auf. Wie Abbildung 9.16 zu entnehmen ist, liegen den Lösungsvorschlägen seitens der Schüler alle möglichen Grundrechenarten zugrunde, wobei das Prozentzeichen weitgehend ignoriert und ihm im Lösungsprozess keine weitere Bedeutung beigemessen wird.

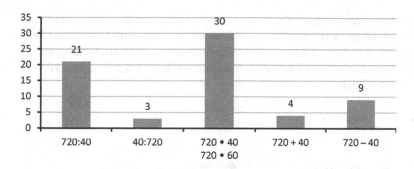

Abbildung 9.16: *Frau Fuchs* - Zuordnungsfehler bzgl. Operationen

Am häufigsten werden mit 44,8 % (30 von 67) zur Lösung der Aufgabe die Produkte 720 · 40 und 720 · 60 berechnet und das Ergebnis als entsprechende Reisekosten interpretiert. Diesen multiplikativen Ansätzen zugrunde liegende Grundvorstellung des Vervielfachens stellt jedoch keine adäquate Beschreibung der vorliegenden Problemstellung dar. In der Rechnung in Abbildung 9.17 wird das Produkt aus 720 und 40 richtig bestimmt. Da offenbar die Reiskosten in Höhe von 28.800 € als eher unrealistisch eingestuft werden, streicht die Schülerin die letzte Ziffer und notiert im Antwortsatz ihre Lösung. Dabei passt sie das berechnete Ergebnis mit mathematisch nicht begründbaren Regeln an mögliche Alltagserfahrungen an.

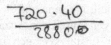

Abbildung 9.17: *Frau Fuchs* - Multiplikation und subjektive Anpassung des Ergebnisses

Ausgehend von den beiden Zahlenwerten 720 und 40 wird zur Lösung der Aufgabenstellung die Berechnung zweier Quotienten präsentiert, wobei die Variante *große Zahl : kleine Zahl* deutlich häufiger (31,3 %) vorkommt als die Bestimmung des Inversen (4,5 %). Prinzipiell könnte dieses Vorgehen als erster richtiger Teilschritt im gesamten Lösungsprozess angesehen werden, da zur korrekten Vervollständigung nur noch die Multiplikation des Zwischenergebnisses mit 100 fehlt, der Lösungsversuch jedoch abgebrochen wurde. Betrachtet man entsprechende Schüleraufzeichnungen (siehe Abbildung 9.18 auf der folgenden Seite), dann wird deutlich, dass es sich in diesen Fällen nicht um unvollständig gelöste

bzw. abgebrochene Aufgabenbearbeitungen handelt, sondern das berechnete
Ergebnis explizit als Aufgabenlösung verstanden und in einem Antwortsatz fest-
gehalten wird. An dieser Stelle sei darauf hingewiesen, dass die Lösung außerdem einen Fehler enthält, der vermutlich aus dem schriftlichen Rechenverfahren
der Division resultiert.

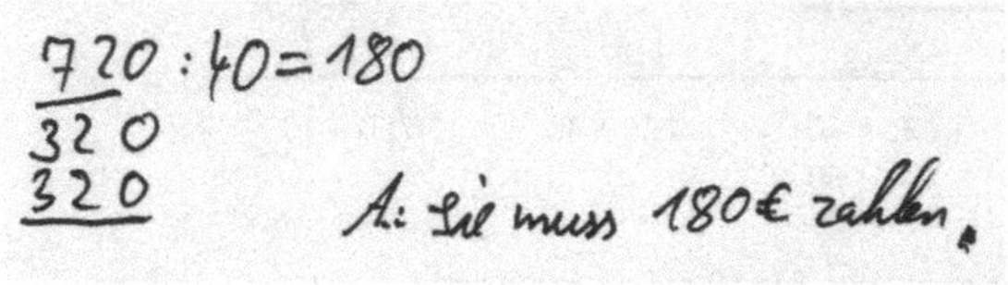

Abbildung 9.18: *Frau Fuchs* - Division mit Antwortsatz

Auch wenn die beiden Lösungsversuche basierend auf einer Addition bzw. Subtraktion der in der Aufgabenstellung vorhandenen Zahlenwerte jeweils einen
eher kleinen Teil dieser Zuordnungsfehler erklären, machen sie zusammen einen
Anteil von etwa einem Fünftel aus.

Die Summe 720 + 40 liefert ein insofern plausibles Ergebnis, als die Gesamtkosten der Reise höher sind als die Anzahlung. Diesem additiven Ansatz
liegt die Grundvorstellung des *Hinzufügens* zugrunde, da zusätzlich zur Anzahlung noch ein weiterer Geldbetrag aufgewendet werden muss. Allerdings ist die
Aktivierung dieser bereits aus der Grundschule bekannten Grundvorstellung
hinsichtlich der Aufgaben- und Sachstruktur kontraproduktiv. Zumal handelt es
sich bei der relativen Angabe von 40 % nicht um eine auf einen Grundwert bezogene Erhöhung, sondern stellt den relativen Anteil der Anzahlung an den Gesamtkosten dar. Darüber hinaus zeigt der Lösungsversuch in Abbildung 9.19
exemplarisch, dass den Schülern der Umgang mit relativen Anteilen, insbesondere von Prozentsätzen, und Größenbereichen Schwierigkeiten bereitet.

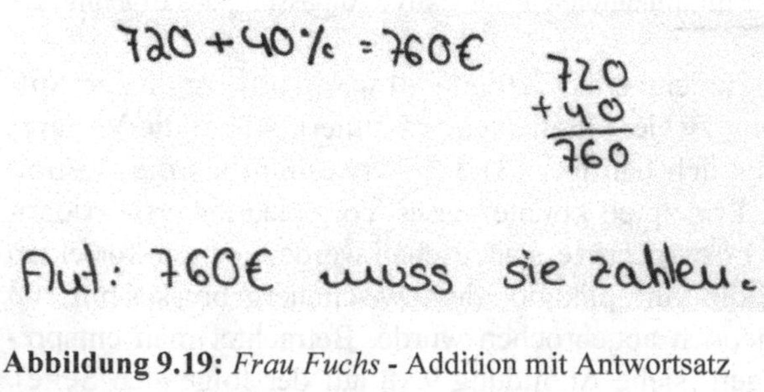

Abbildung 9.19: *Frau Fuchs* - Addition mit Antwortsatz

Während beim Rechenansatz die Einheit € nicht auftaucht, wird die fiktive Maßeinheit % beim Prozentsatz notiert. Die Nebenrechnung zeigt jedoch deutlich,
dass dem Prozentzeichen keinerlei Bedeutung beigemessen wird, indem die
beiden natürlichen Zahlen 720 und 40 addiert werden. Dies hat weiterhin zur
Folge, dass Größen unterschiedlicher Größenbereiche unzulässigerweise addiert
werden und das Ergebnis im Hinblick auf die Frage als Geldwert interpretiert
wird.

9.3 Aufgabe: Erbsen

In 500 g Erbsen sind 100 g Eiweiß enthalten.

Zu wie viel Prozent bestehen die Erbsen aus Eiweiß?
Schreibe auf, wie du gerechnet hast.

9.3.1 Normative Aufgabenanalyse

Bei Schülern sind folgende Lösungsstrategien zu erwarten.

- Operator-Strategien
$$\frac{100\,g}{500\,g} = \frac{1}{5} = \frac{20}{100} = 20\,\%$$

$$\frac{100\,g}{500\,g} = \frac{1}{5} = 0{,}2 = 20\,\%$$

- Dreisatz-Strategien
$$500\,g \;\hat{=}\; 100\,\%$$
$$100\,g \;\hat{=}\; 20\,\%$$

- Bruchgleichungen
$$\frac{500\,g}{100\,\%} = \frac{100\,g}{x}; \quad x = 20\,\%$$

$$\frac{100\,g}{500\,g} = \frac{x}{100\,\%}; \quad x = 20\,\%$$

- Prozentformel
$$p = \frac{P \cdot 100}{G}\,\% = \frac{100\,g \cdot 100}{500\,g}\,\%$$
$$p = 20\,\%$$

In Anlehnung an die beiden zuvor analysierten Aufgaben werden folgende vier Fehlerkategorien unterschieden.

□ Rechenfehler

Angesichts der einfachen Zahlen und Zahlenverhältnisse sind Rechenfehler in erster Linie im Rahmen der Bruchrechnung zu erwarten.

□ Zuordnungsfehler bei Größen

Die Zuordnung der gegebenen Größen kann den Schülern Schwierigkeiten bereiten, sodass die Größe 100 g als Prozentsatz im Sinne von 100 % verstanden wird.

□ Zuordnungsfehler bei mathematischen Operationen

Als Zuordnungsfehler bei mathematischen Operationen liegt insbesondere die bereits beobachtete Fehlerstrategie *große Zahl : kleine Zahl* nahe.

□ Formelfehler

Die Beziehungen der betreffenden Variablen werden durch eine fehlerhafte Formel, wie z. B. $p = \frac{G}{P \cdot 100}$, widergegeben.

9.3.2 Globale Ergebnisse

Im Vergleich zu den beiden zuvor analysierten Grundaufgaben wird die Aufgabe *Erbsen* mit einem Prozentsatz von 80,9 % von einem vergleichsweise hohen Anteil an Schülern bearbeitet (siehe Tabelle 9.11). Die Bearbeitungsquote an Hauptschulen liegt zwar deutlich unter dem Durchschnitt (72,3 %), ist aber im Vergleich zu den anderen beiden analysierten Aufgaben wesentlich höher. Dies lässt sich unter anderem damit erklären, dass der Aufgabenstellung einfache Zahlenwerte zugrunde liegen, entsprechende Ergebnisse mittels Kopfrechnen ermittelt und auf jegliche schriftlichen Rechenverfahren z. B. bei Nebenrechnungen verzichtet werden kann. Dies fördert die Motivation vor allem leistungsschwächerer Schüler, sich mit der Aufgabe auseinander zu setzen.

Wie den letzten Spalten der Tabelle 9.11 zu entnehmen ist, sind die Lösungshäufigkeiten sowohl bezogen auf die Gesamtstichprobe als auch differenziert nach Schulformen um ca. 2 bis 4 Prozentpunkte niedriger als bei der 2. Grundaufgabe *Frau Fuchs.* Weiter zeigen die Daten, dass Gymnasiasten und Realschüler nahezu identische Leistung hinsichtlich der Aufgabenlösung aufweisen. Der erfreulich hohen Bearbeitungsquote an der Hauptschule stehen jedoch vergleichsweise schwache Ergebnisse gegenüber, sodass es nur etwas mehr als einem Fünftel (22,3 %) gelingt, die Aufgabe richtig zu lösen.

	N(gesamt)	Aufgaben-bearbeitungen		erfolgreiche Aufgabenlösungen	
Σ	1233	997	80,9%	470	38,1%
GY	436	376	86,2%	196	45,0%
RS	411	342	83,2%	188	45,7%
HS	386	279	72,3%	86	22,3%

Tabelle 9.11: *Erbsen* - Globale Ergebnisse

Dieses Leistungsgefälle zwischen Gymnasium/Realschule einerseits und Hauptschule andererseits spiegelt sich auch beim Vergleich der Klassenleistungen wider, wie den Lösungshäufigkeiten auf Klassenebene – dargestellt in Form von Boxplots in Abbildung 9.20 – zu entnehmen ist.

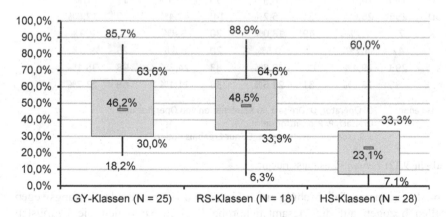

Abbildung 9.20: *Erbsen* - Lösungshäufigkeiten auf Schulklassenebene

Am unteren Whisker der Hauptschule fällt auf, dass ein Viertel aller Klassen mit Lösungshäufigkeiten von 0 % bis 7,1 % vergleichsweise schwache Leistungen zeigt. Weiterhin befinden sich 75 % der Klassenleistungen an der Hauptschule unter dem 1. Quartil der Realschulklassen. Die leistungsstärkste Hauptschulklasse mit einer Lösungshäufigkeit von 60,0 % ist insofern eine Ausnahme, als sie die einzige Klassenleistung mit einem Wert von über 50 % darstellt. Vergleicht man die Verteilung der Lösungshäufigkeiten hinsichtlich Gymnasial- und Realschulklassen, lässt sich festhalten, dass die Werte für Minimum, oberes Quartil, Median und unteres Quartil an Realschulen geringfügig höher sind. Einige wenige Realschulklassen sorgen mit vergleichsweise niedrigen Lösungshäufigkeiten dafür, dass die Leistungen vor allem im unteren Leistungsbereich an Realschulen stärker streuen.

9.3.3   Strategie-Analysen

Das Ergebnis des Strategie-Ratings der 997 Schülerlösungen ist in Tabelle 9.12 dargestellt und spiegelt ähnliche Tendenzen im Hinblick auf die Strategien **O**perator, **D**reisatz und **P**rozentformel wie bei den zuvor untersuchten Aufgaben wider.

	Gesamt		GY		RS		HS	
Σ	997	100,0%	376	100,0%	342	100,0%	279	100,0%
O	140	14,0%	71	18,9%	36	10,5%	33	11,8%
D	255	25,6%	61	16,2%	145	42,4%	49	17,6%
K	77	7,7%	49	13,0%	20	5,8%	8	2,9%
P	47	4,7%	2	0,5%	20	5,8%	25	9,0%
s. S.	293	29,4%	112	29,8%	83	24,3%	98	35,1%
n. E.	185	18,6%	81	21,5%	38	11,1%	66	23,7%

Legende: O: Operator, D: Dreisatz, K: Kombination von Operator und Dreisatz, P: Prozentformel
s. S.: sonstige Strategien, n. E.: nur Ergebnis notiert

Tabelle 9.12: *Erbsen* - Lösungsstrategien

Von den im ersten Teilabschnitt aufgeführten und zu erwartenden Lösungswegen stellen bezogen auf die Gesamtstichprobe Dreisatz-Strategien die häufigsten (25,6 %), Operator-Strategien die zweithäufigsten (14,0 %) und die Nutzung einer Prozentformel die dritthäufigsten (4,7 %) Lösungsansätze dar. Während diese Rangfolge auch an Real- und Hauptschulen festzustellen ist, werden am Gymnasium Operator-Strategien etwas häufiger als Dreisatz-Strategien einge-

setzt. Eine Prozentformel wird vorrangig von Haupt- und Realschülern als erfolgversprechende Lösungsstrategie angewendet.

Davon abgesehen sind den Ergebnissen aus Tabelle 9.12 vor allem zwei Besonderheiten zu entnehmen.

Sonstige Strategien und *nur Ergebnis notiert* stellen insgesamt die häufigste
bzw. dritthäufigste Kategorie dar. Der Grund für letztere ist hauptsächlich darin
zu sehen, dass die den Lösungen zugrunde liegenden Rechnungen und Überlegungen problemlos im Kopf durchgeführt werden können und nicht zwingend
aufgeschrieben werden müssen. Zudem ermöglichen die Zahlenwerte eine
Schätzung des Ergebnisses, ohne konkrete Berechnungen durchführen zu müssen. Vor allem an Gymnasien (21,5 %) und Hauptschulen (23,7 %) ist der Anteil
dieser Lösungsdokumentation besonders hoch. Die meisten Lösungsversuche
(29,4 %) basieren auf Strategien, die sich nicht den im ersten Teilabschnitt dargestellten und erwarteten Lösungswegen zuordnen lassen. Hierbei handelt es
sich hauptsächlich um Fehlstrategien, die im Rahmen der Fehleranalyse genauer
betrachtet werden.

Keiner Schülerlösung liegen entgegen der Erwartung und entgegen der Ergebnisse zu den vorherigen Aufgabenanalysen Bruchgleichungen zugrunde.
Stattdessen weisen die unter K kategorisierten 77 Lösungsversuche gemeinsame
Merkmale auf, die sich teils in Operator-Strategien und teils in Dreisatz-
Strategien zeigen und sich damit als eine Art Kombination dieser auffassen lassen. Abbildung 9.21 auf der folgenden Seite zeigt ein Beispiel dieser Lösungska-
tegorie. Innerhalb des Größenbereichs der Masse ergibt sich aus dem Verhältnis
von 500 g und 100 g die Zahl 5, die im nächsten Teilschritt als Divisor verwendet wird. Die Kovariation innerhalb verschiedener Größenbereiche stellt damit
ein wesentliches Merkmal der Dreisatz-Strategien dar, während auf die Notation
der Zuordnungen gänzlich verzichtet wird und die Dokumentation vielmehr an
Operator-Strategien erinnert.

$$500_g : 100_g = 5 \qquad 100\% : 5 = \underline{\underline{20\%}}$$

Abbildung 9.21: *Erbsen* - Lösungsstrategien mit Operator- und Dreisatz-Merkmalen

Betrachtet man die in Tabelle 9.13 enthaltenen Erfolgsquoten auf Basis der unterschiedlichen Lösungsansätze, lassen sich folgende Punkte festhalten.

	Gesamt		GY		RS		HS	
Σ	997	47,1%	376	52,1%	342	55,0%	279	30,8%
O	140	48,6%	71	54,9%	36	44,4%	33	39,4%
D	255	76,5%	61	78,7%	145	79,3%	49	65,3%
K	77	89,6%	49	89,8%	20	85,0%	8	*
P	47	55,3%	2	*	20	65,0%	25	48,0%
s. S.	293	6,1%	112	8,9%	83	6,0%	98	3,1%
n. E.	185	50,8%	81	66,7%	38	57,9%	66	27,3%

Legende: O: Operator, D: Dreisatz, K: Kombination von Operator und Dreisatz, P: Prozentformel
s. S.: sonstige Strategien, n. E.: nur Ergebnis notiert
* zu geringe Teilstichprobe

Tabelle 9.13: *Erbsen* - Erfolgsquote der Lösungsstrategien

Die Lösungsvorschläge der Schüler, bei denen kein Rechenweg sondern nur das Ergebnis aufgeschrieben wurde, weisen mit 50,8 % (GY: 66,7 %; RS: 57,9 %; HS: 27,3 %) eine vergleichsweise hohe Erfolgsquote auf, was sicherlich durch das einfache Zahlenmaterial bzw. das zugrunde liegende Zahlenverhältnis der Aufgabe begünstigt ist.

Die oben beschriebenen Kombinationsstrategien aus Operator und Dreisatz weisen bezogen auf die gesamte Stichprobe mit 89,6 % die höchste Lösungshäufigkeit auf, wobei diese Lösungsstrategien vor allem am Gymnasium und an Realschulen auftreten. In diesen beiden Schulformen sind entsprechende Lösungsansätze mit 89,9 % und 85,0 % die erfolgreichsten Strategien. Die flexible Verknüpfung der beiden Lösungsstrategien stellt damit ein besonders erfolgreiches Vorgehen dar.

Desweiteren führen Lösungsvorschläge basierend auf Dreisatzstrategien bei mehr als $\frac{3}{4}$ der 997 Schüler zu richtigen Ergebnissen. Nicht nur am Gymnasium (78,7 %) und an Realschulen (79,3 %) sondern auch an Hauptschulen (65,3 %) ist die Lösungsquote vergleichsweise hoch.

Formeln werden vorrangig von Realschülern und Hauptschülern zur Ermittlung einer Lösung herangezogen und haben mit 65,0 % (RS) bzw. 48,0 % (HS) deutlich höhere Erfolgsquoten als Operator-Strategien, die diejenigen Lösungsansätze mit den geringsten Erfolgsquoten darstellen. Angesichts der Auswertungen der beiden Aufgaben *Aktion Mensch* und *Frau Fuchs* war dieses vergleichs-weise schlechte Abschneiden der Operator-Strategien nicht zu erwarten. Insge-samt führt weniger als die Hälfte dieser Lösungsansätze (48,6 %) zum richtigen Ergebnis. Abgesehen von den sonstigen Strategien weisen Lösungsversuche basierend auf Operator-Strategien sowohl am Gymnasium (54,9 %) als auch an der Realschule (44,4 %) und in der Hauptschule (39,4 %) die niedrigsten Er-folgsquoten auf. Diese unerwartete Fehleranfälligkeit der Operator-Strategien wird am Ende der Fehleranalysen thematisiert.

9.3.4 Fehler-Analysen

Den folgenden Analysen liegen 527 Lösungen zugrunde, die mit falsch bewertet wurden. Die Häufigkeiten bezogen auf die oben dargestellten Fehlerkategorien sind in Abbildung 9.22 dargestellt.

Während *Zuordnungsfehler bei mathematischen Operationen* mit Abstand die häufigste Fehlerursache darstellen ($N_{F3} = 264$), treten *Rechenfehler* immerhin in 58 Fällen auf. *Zuordnungsfehler beif Größen* sind nur bei 18 Lösungsansätzen und *falsch widergegebene Prozentformeln* bei zwölf Schülern zu beobachten.

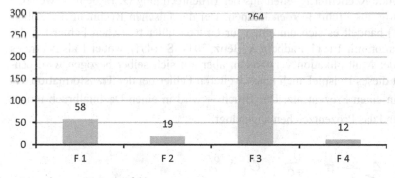

Legende: F1: Rechenfehler
            F2: Zuordnungsfehler bei Größen
            F3: Zuordnungsfehler bei Operationen
            F4: falsche Formel

Abbildung 9.22: *Erbsen* - Absolute Häufigkeiten der Fehlerkategorien

In etwa jeder neunten Schülerlösung (11,0 %) sind *Rechenfehler* (Kategorie F 1) vorhanden. Abbildung 9.23 auf der folgenden Seite ist zu entnehmen, dass die meisten Fehler in Zusammenhang mit der Division auftreten.

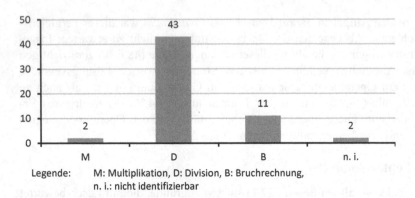

Legende: M: Multiplikation, D: Division, B: Bruchrechnung,
            n. i.: nicht identifizierbar

Abbildung 9.23: *Erbsen* - Verteilung der Rechenfehler auf Rechenarten

In fast einem Fünftel der Fälle (19,0 %) sind Rechenfehler auf die Bruchrechnung zurückzuführen. Insbesondere sind dort Probleme beim Erweitern und
Kürzen von Brüchen festzustellen. Die Aufzeichnungen in Abbildung 9.24 zeigen exemplarisch, dass bei einigen Schülern vergleichsweise einfache und
grundlegende Rechenfertigkeiten aus der Bruchrechnung (z. B. beim Erweitern)
nicht richtig ausgeführt werden können. Bei der falschen Rechnung im Zähler
($1 \cdot 2 = 1$) handelt es sich um einen für Grundschüler typischen Fehler bei der
Multiplikation mit 1 (vgl. Padberg & Benz, 2011, S. 147f), wobei 1 als neutrales
Element der Multiplikation verstanden, aber auf sich selber bezogen wird. Zudem zeigt dieses Beispiel auch einen weiteren Fehler bei der Transformation des
Bruches in einen Prozentsatz. Der Bruch $\frac{1}{10}$ wird in einen Dezimalbruch umgewandelt und das Prozentzeichen angehängt.

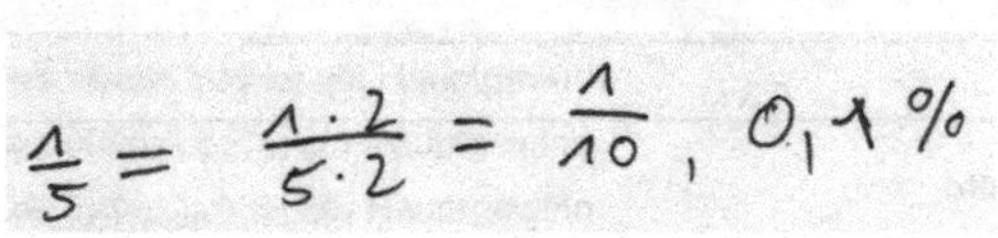

$$\frac{1}{5} = \frac{1 \cdot 2}{5 \cdot 2} = \frac{1}{10}, \quad 0,1 \%$$

Abbildung 9.24: *Erbsen* - Fehler beim Erweitern des Bruches

Zuordnungsfehler bei Größen (F 2) sind nur bei Dreisatz-Verfahren (N = 12) und
bei sieben weiteren Fällen in Zusammenhang mit sonstigen Strategien zu beobachten.

   Wie beispielhaft in Abbildung 9.25 ersichtlich ist, wird den 500 g Gesamtgewicht der Eiweiß-Anteil von 100 g zugeordnet. Damit werden die einzigen
beiden im Aufgabentext vorhandenen Größen einander zugeordnet. Darüber
hinaus wird 100 g nicht als Prozentwert identifiziert, sondern wird dem Grund-

wert zugeordnet. Zwar kann auf dieser Grundlage mit den Zuordnungen richtig operiert werden, eine richtige Lösung ließ sich daraus jedoch von keinem Schüler ableiten.

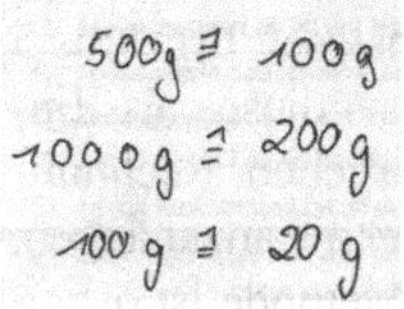

500g ≙ 100g
1000g ≙ 200g
100 g ≙ 20 g

Abbildung 9.25: *Erbsen* - Zuordnungsfehler

Abbildung 9.26 zeigt exemplarisch, dass aus den beiden Werten 500 g und 100 g durch Addition ein neuer Bezugswert generiert wird, der als Basis für weitere Teilschritte genutzt wird. Damit wird nicht die Größe 500 g, sondern die Summe als Grundwert interpretiert. Wie das Ergebnis von 90 % zustande kommt, ist aus der Dokumentation des Schülers nicht ersichtlich.

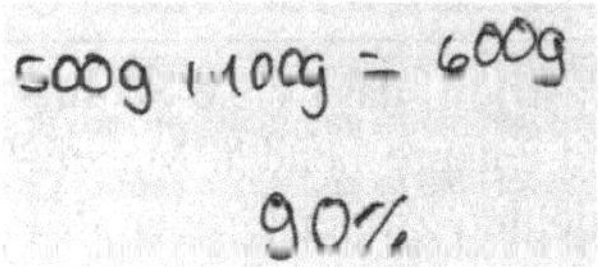

500g + 100g = 600g
90%

Abbildung 9.26: *Erbsen* - Summe aus 500 g und 100 g als Bezugswert

Wie bereits festgestellt, beruhen die meisten Fehler seitens der Schüler auf *Zuordnungsfehler bei mathematischen Operationen* (F 3). Betrachtet man diese Fehlerkategorie im Detail, kristallisiert sich wiederum eine wesentliche Fehlstrategie heraus, wie Abbildung 9.27 auf der folgenden Seite zu entnehmen ist.

250
200
150
100
50
0
234
5
18
7
500 : 100
100 • 500
500 – 100
500 + 100

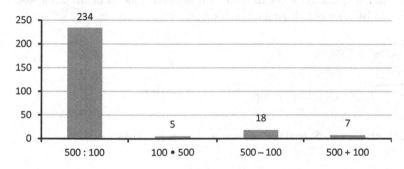

Abbildung 9.27: *Erbsen* - Zuordnungsfehler bei Operationen

Bei fast einem Viertel aller Lösungsversuche (23,5 %) und in etwas weniger als
der Hälfte der fehlerhaften Bearbeitungen (44,4 %) ist die Fehlstrategie *Division
der größeren durch die kleinere der beiden Zahlen* zu erkennen. Wie das erste
Exempel in Abbildung 9.28 zeigt, werden 500 g Gesamtgewicht durch das Gewicht des enthaltenen Eiweißes (100 g) geteilt. Dem dimensionslosen Ergebnis 5
wird ohne Berücksichtigung der Bedeutung des Prozentzeichens dieses als Einheit hinzugefügt, wie im Antwortsatz ersichtlich ist. Dieses Vorgehen, Rechnungen ohne Einheiten durchzuführen und diese an das Zahlenergebnis anzuhängen,
ist eine in der Praxis verbreitete Methode. Eine Gefahr dieser Methode ist offenbar der unreflektierte Umgang mit Größen bzw. deren Maßeinheiten

500g : 100g = 5

Es bestehen 5 % aus Eiweiß.

(1)

500g : 100g = 5g

= 5%

(2)

Abbildung 9.28: *Erbsen* - Fehlstrategie *große Zahl : kleine Zahl*

Die zweite Lösungsvariante in Abbildung 9.28 demonstriert, dass viele Schüler
offenbar Schwierigkeiten im Umgang mit Größen und entsprechenden Maßeinheiten haben. So enthält etwa das Ergebnis des Quotienten zweier Größen desselben Größenbereichs fälschlicherweise auch die Einheit g, die im Antwortsatz
durch das Prozentzeichen ersetzt wird.

Dieser Fehler lässt sich auch in Zusammenhang mit anderen individuellen Lösungsstrategien beobachten, wie am Beispiel der Subtraktion in Abbildung 9.29
deutlich wird. Die Differenz aus 500 g und 100 g beträgt richtigerweise 400 g.
Da jedoch ein Prozentsatz und nicht eine Gewichtsangabe gesucht ist, wird zum
einen die Einheit g durch % ersetzt und zum anderen eine Null der Zahl 400
gestrichen, da 400 % wohl als zu groß angesehen wird.

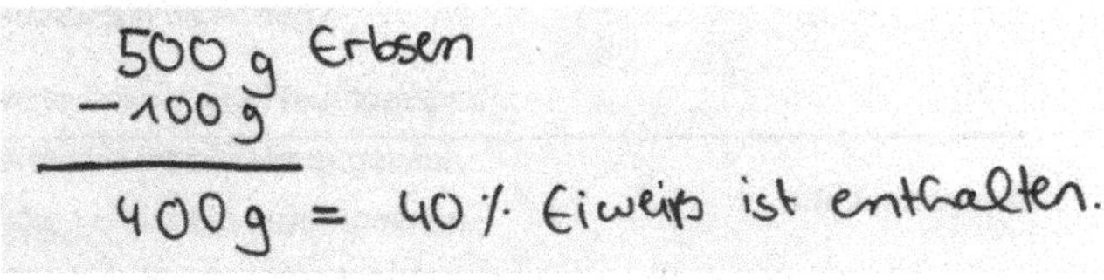

500 g Erbsen
−100 g
──────
400 g = 40 % Eiweiß ist enthalten.

Abbildung 9.29: *Erbsen* - Subtraktion und Anpassung des Ergebnisses

Als letztes Beispiel der Fehlerkategorie F 4 (Zuordnungsfehler bei mathematischen Operationen) sei die Multiplikation der in der Aufgabenstellung vorhandenen Ausgangszahlen 500 und 100 angeführt. Durch die Paraphrasierung *100 g von 500 g* der Aufgabenstellung und einer auf dem Schlüsselwort *von* basierenden Zuweisung des multiplikativen Operators lässt sich der Lösungsansatz in Abbildung 9.30 erklären.

Da das zu große Zahlenergebnis von 50000 nicht als Ergebnis in Frage kommt, wird es (insgesamt zweimal) durch 100 dividiert und das Ergebnis von 5 als Prozentsatz interpretiert. Hier kommt vermutlich die Interpretation des Prozentbegriffs im Sinne von *Hundertstel* bzw. *durch 100* zum Tragen, die jedoch die im Ansatz fehlerhafte Lösung nicht korrigieren kann.

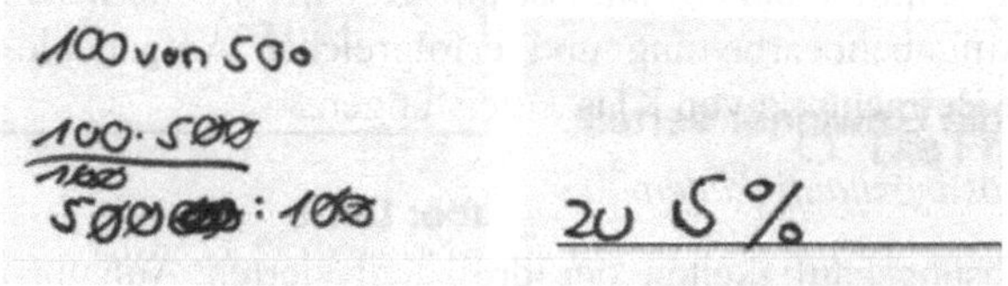

$$100 \, von \, 500$$

$$\frac{100 \cdot 500}{100}$$

$$500 \cdot 500 : 100 \qquad = \, 5\%$$

Abbildung 9.30: *Erbsen* - Multiplikation und Anpassungsstrategien

Bei der mit zwölf verhältnismäßig geringen Anzahl an Fehlern aufgrund von *falsch reproduzierten Prozentformeln* ist zu beachten, dass es (a) nur insgesamt 47 Lösungen basierend auf dieser Strategie gibt und (b) davon 21 Lösungsversuche mit *nicht richtig* bewertet werden müssen. Damit lassen sich mehr als die Hälfte (57,1 %) dieser fehlerhaften Lösungen mit unkorrekten Formeln erklären, wie zwei Beispiele in Abbildung 9.31 illustrieren.

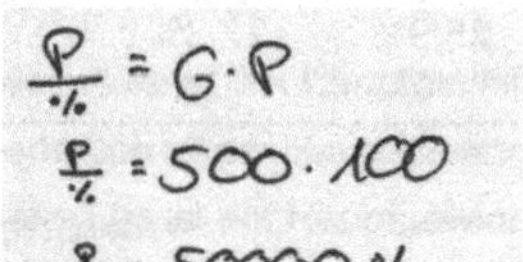

$$\frac{P}{\%} = G \cdot P$$

$$\frac{P}{\%} = 500 \cdot 100$$

$$\frac{P}{\%} = 50000 \, \% \qquad (2) \quad PS = \frac{G}{P_w} \cdot 100 = \frac{500}{100} \cdot 100 = 500 \,\%$$

(1)

Abbildung 9.31: *Erbsen* - Falsche Prozentformeln zur Berechnung des Prozentsatzes

Über diese Fehleranalyse hinaus fällt folgendes Phänomen besonders auf. In 55 Arbeiten (GY: 23, RS: 18 und HS: 14) wird mittels Operator-Strategien der Eiweiß-Anteil in Form des Bruches $\frac{1}{5}$ richtig bestimmt. Jedoch fehlt die Umwandlung des Bruches in einen Prozentsatz, wie er in der Aufgabenstellung gefordert war, sodass die Lösung als unvollständig angesehen und damit als falsch eingestuft wird. Ob dies an mangelnden technischen Fähigkeiten der Umrechnung oder an ungenauem Lesen des Aufgabentextes bzw. der Fragestellung liegt, kann anhand der Aufzeichnungen nicht zweifelsfrei festgestellt werden. Unterstellt man diesen Lösungsansätzen jedoch, dass sie richtig vervollständigt werden könnten, würde diese Korrektur deutliche höhere Lösungshäufigkeiten der Operator-Strategien bedeuten. Die bereinigten Erfolgsquoten belaufen sich dann auf 87,9 % (GY: 87,2 %, RS: 94,4 % und HS: 81,8 %) und sind auf vergleichbarem Niveau wie die anderen erfolgreichsten Lösungsstrategien.

9.4 Zusammenfassung

Die detaillierte Analyse der Schülerarbeiten umfasst auf globaler Ebene neben Ergebnissen hinsichtlich Aufgabenbearbeitung und erfolgreicher Aufgabenlösung auch die vergleichende Betrachtung von Klassenleistungen.

Aufgabenbearbeitung und Lösungshäufigkeiten

Bearbeitungsquoten und Lösungshäufigkeiten der drei analysierten Aufgaben sind differenziert nach Schulformen in Tabelle 9.14 vergleichend zusammengefasst.

	Aufgabenbearbeitungen			erfolgreiche Lösungen		
	Aktion Mensch	Frau Fuchs	Erbsen	Aktion Mensch	Frau Fuchs	Erbsen
GY	74,3%	75,8%	86,2%	26,8%	46,7%	45,0%
RS	79,8%	79,6%	83,2%	37,0%	49,4%	45,7%
HS	54,9%	56,8%	72,3%	15,3%	25,9%	22,3%

Tabelle 9.14: Zusammenfassung - Aufgaben

Bei allen drei Aufgabenstellungen konnte eine vergleichsweise niedrige Bearbeitungsquote bei Lernenden der Hauptschule festgestellt werden. Vor allem bei den ersten beiden Grundaufgaben der Prozentrechnung (*Aktion Mensch* und *Frau Fuchs*) haben nur etwas mehr als die Hälfte der Hauptschüler einen Lösungsversuch unternommen. Am Gymnasium und an der Realschule sind die Bearbeitungsquoten mit Werten von 74,3 % bis 86,2 % deutlich höher.

Der Vergleich der Bearbeitungsquoten zeigt, dass die Aufgabenbearbeitung offenbar von der Schulform abhängt. Vor allem in der Hauptschule sind die Bearbeitungsquoten wesentlich niedriger als an Gymnasium und Realschule.

Weiterhin lässt sich die Tendenz feststellen, dass auch das Zahlenmaterial der Aufgabenstellung die Anzahl der Bearbeitungen beeinflusst. Dies bestätigen die – insbesondere in der Hauptschule – vergleichsweise hohen Bearbeitungsquoten von Aufgabe *Erbsen*, der einfache Zahlen bzw. Zahlenverhältnisse zugrunde liegen.

Die erfolgreiche Bearbeitung der Items differiert erheblich je nach Aufgabe, zwischen und innerhalb der Schulformen sowie zwischen den untersuchten Schulklassen.

Die Aufgabe *Aktion Mensch* weist als Grundaufgabe vom Typ (1) *Prozentwert gesucht* mit 26,6 % einen vergleichsweise niedrigen Anteil richtiger Lösungen auf. Dieser mäßige Wert ist unter anderem auf die hohe Anzahl an Rechenfehlern zurückzuführen. Bezogen auf die Gesamtstichprobe werden die Aufgabe *Frau Fuchs* (2. Grundaufgabe) von 41,4 % und die Aufgabe *Erbsen* (3. Grundaufgabe) von 38,1 % der Schüler richtig gelöst.

Vergleicht man die relativen Lösungshäufigkeiten auf Schulformebene, so verzeichnet die Realschule jeweils den höchsten Anteil richtiger Lösungen. Während am Gymnasium vor allem die Aufgabe *Aktion Mensch* deutlich schlechter gelöst wird, sind die prozentualen Lösungshäufigkeiten für die anderen beiden Aufgaben mit der Realschule vergleichbar. Die Hauptschule schneidet bei allen drei Aufgaben erwartungsgemäß am schwächsten ab.

Der Vergleich der Klassenleistungen bestätigt zwar teilweise diese deutlich getrennten Leistungsniveaus der Schulformen, allerdings wurde auch gezeigt, dass es gerade in der Hauptschule sehr leistungsstarke Klassen gibt, die deutlich über dem durchschnittlichen Niveau der Gymnasial- oder Realschulklassen liegen. Ebenso gibt es gerade am Gymnasium Schulklassen, die im Vergleich zu vielen Realschul- und Hauptschulklassen im Durchschnitt wesentlich schwächere Leistungen zeigen.

Lösungsstrategien

Die Auswertung der Schüleraufzeichnungen im Hinblick auf verwendete Lösungsstrategien zeigt, dass insgesamt Dreisatz-Strategien am häufigsten und Operator-Strategien am zweithäufigsten von Schülern zur Lösung der Aufgaben herangezogen werden. Lösungsverfahren basierend auf Bruchgleichungen und Prozentformeln stellen eher die Ausnahme dar und sind in erster Linie bei Lernenden der Real- und Hauptschule zu finden. Bei der Aufgabe *Erbsen* sind in den Schülerdokumenten keine Bruchgleichungen zu beobachten, stattdessen lassen sich Kombinationsstrategien basierend auf Operator und Dreisatz identifizieren (siehe Tabelle 9.15).

	GY			RS		
	Aktion Mensch	Frau Fuchs	Erbsen	Aktion Mensch	Frau Fuchs	Erbsen
O	45,7%	35,0%	18,9%	18,6%	17,7%	10,5%
D	26,9%	51,1%	16,2%	56,4%	68,0%	42,4%
B	0,0%	0,3%		6,7%	5,7%	
P	0,3%	0,3%	0,5%	5,8%	4,4%	5,8%
K			13,0%			5,8%

	HS			Legende:
	Aktion Mensch	Frau Fuchs	Erbsen	
O	10,4%	14,2%	11,8%	O: Operator
D	49,5%	55,8%	17,6%	D: Dreisatz
B	0,0%	0,0%		B: Bruchgleichung
P	11,8%	10,2%	9,0%	P: Prozentformel
K			2,9%	K: Kombination O/D

Tabelle 9.15: Zusammenfassung - Lösungsstrategien

Sowohl in der Haupt- als auch der Realschule dominieren bei allen drei Grundaufgaben Dreisatz-Strategien. In der Realschule lässt sich dieses Phänomen damit erklären, dass im bayerischen Lehrplan die Prozentrechnung als Teilgebiet der Proportionalität verankert ist. Die Schüler übernehmen offensichtlich das dort gelernte Dreisatz-Verfahren, das im Lehrplan als Lösungsstrategie vorgeschrieben ist. Im Unterricht der Hauptschule wird vermutlich häufig das Dreisatz-Verfahren präferiert, da es als verständlich und vor allem für leistungsschwache Schüler als geeignet angesehen wird. Die am Gymnasium vergleichsweise häufig verwendeten Operator-Strategien lassen sich ebenfalls auf den Lehrplan zurückführen, in dem die Prozentrechnung an die Bruchrechnung angebunden ist und die multiplikative Anteilsoperation auch in der Prozentrechnung, insbesondere bei der Aufgabe *Aktion Mensch*, Anwendung findet.

In allen Schulformen fällt bei der Aufgabe *Frau Fuchs* ein hoher Prozentsatz an Dreisatz-Strategien auf. In diesem Fall scheint besonders die Aufgabenstellung *40 % der Reisekosten (...). Das sind 720 €* die Zuordnung 40 % ≙ 720 € nahe zu legen, dass sogar am Gymnasium – anders als bei den anderen beiden Aufgaben – mehr Dreisatz- als Operator-Strategien zu beobachten sind.

In der Regel gehen mit den beiden Hauptstrategien Dreisatz und Operator auch die höchsten Erfolgsquoten einher, wobei je nach Aufgabe und Schulform entweder Dreisatz- oder Operatorstrategien häufiger zur richtigen Lösung führen. Bei der Aufgabe *Erbsen* wurden in Schülerlösungen Kombinationsstrategien mit Dreisatz- und Operatorcharakteristika nachgewiesen, die mit 89,6 % zu einem auffallend hohen Anteil richtiger Lösungen führen.

Sowohl für Bruchgleichungen als auch Prozentformeln sind die Erfolgsquoten je nach Aufgabe und Schulform mit wenigen Ausnahmen geringer als bei den Operator- und Dreisatzstrategien. Insbesondere sind die Erfolgsquoten für Prozentformelstrategien an der Hauptschule bei den Aufgaben *Aktion Mensch* (32,0 %) und *Frau Fuchs* (25,0 %) vergleichsweise niedrig.

Fehleranalysen

Im Rahmen der Fehleranalysen wurde gezeigt, dass vielen falschen Lösungen Rechenfehler zugrunde liegen. Wie der Tabelle 9.16 zu entnehmen ist, enthalten z. B. bei der Aufgabe *Aktion Mensch* 49,3 % der Schülerlösungen am Gymnasium Rechenfehler.

Diese beziehen sich vor allem auf schriftliche Rechenverfahren der Multiplikation und Division mit zweistelligen natürlichen Zahlen. Selbst bei verhältnismäßig einfachen Zahlen und Zahlenverhältnissen wie bei der Aufgabe *Erbsen* können bei den Schülerlösungen zahlreiche Rechenfehler identifiziert werden. Darüber hinaus wurde festgestellt, dass das Phänomen der Rechenfehler nicht schulformspezifisch ist und sich sowohl bei vielen Gymnasiasten als auch Realschülern technische Rechenschwierigkeiten nachweisen lassen, wie die Daten in Tabelle 9.16 exemplarisch für die Aufgaben *Aktion Mensch* und *Frau Fuchs* zeigen.

	Aktion Mensch	Frau Fuchs
GY	49,3%	26,2%
RS	54,5%	44,2%
HS	45,1%	30,8%

Tabelle 9.16: Zusammenfassung - Rechenfehler

Bei allen drei Aufgabentypen stellen *Zuordnungsfehler bei mathematischen Operationen* und *Zuordnungsfehler bei Größen* die Hauptfehlerquellen dar. Bei der Aufgabe *Aktion Mensch* enthalten beispielsweise 33,4 % der fehlerhaften Lösungen Zuordnungsfehler bei Operationen (siehe Tabelle 9.17).

	Zuordnungsfehler bei Operationen	Zuordnungsfehler bei Größen
Aktion Mensch	33,4%	9,3%
Frau Fuchs	19,2%	37,2%
Erbsen	50,1%	3,6%

Tabelle 9.17: Zusammenfassung - Zuordnungsfehler

Vor allem bei den beiden Aufgaben *Aktion Mensch* und *Erbsen* stellen Zuordnungsfehler bei mathematischen Operationen die wesentlichen Fehlerquellen dar. In diesen Fällen werden der im Aufgabentext beschriebenen Sachsituation offenbar mathematische Operationen zugeordnet, die nicht zur Lösung der Problemstellung geeignet sind. Anstelle einer Multiplikation wird besonders häufig eine Division entsprechender Zahlenwerte bzw. Größen als Aufgabenlösung vorgeschlagen, bei der die größere durch die kleinere Zahl dividiert wird (z. B. 1275 € : 65 %, 1275 € : 65 oder 500 g : 100 g). Diese Zuordnungsfehler bei Operationen stehen in engem Zusammenhang mit der Übertragung von Vorstellungen aus dem Erfahrungsbereich mit natürlichen Zahlen auf den Inhaltsbereich der Prozentrechnung. Dabei werden übergeneralisierte Vorstellungen wie z. B. *Division verkleinert und Multiplikation vergrößert* auf den Zahlbereich der rationalen Zahlen übertragen, in dem sie nicht uneingeschränkte Gültigkeit besitzen.

Zuordnungsfehler bei Größen konnten bei allen drei Aufgaben, insbesondere aber bei der Aufgabe *Frau Fuchs* (2. Grundaufgabe) identifiziert werden, wo sie die Hauptfehlerquelle darstellen. Obwohl die Zuordnung 720 € ≙ 40 % durch den Aufgabentext nahe gelegt wird, treffen sehr viele Schüler fehlerhafte Zuordnungen zu 720 €. In den meisten Fällen wird dieser Größe der Prozentsatz 100 % im Sinne des Grundwerts zugeordnet. Auffallend viele Zuordnungsfehler sind auch hinsichtlich der gesuchten Größe zu beobachten. Dabei werden die Reisekosten entweder als vermehrter Grundwert (140 %) der Prozentaufgabe interpretiert oder mit dem Restzahlungsbetrag entsprechend zu 60 % identifiziert.

Bei der 2. Grundaufgabe (*Frau Fuchs*) ist im Vergleich zu den anderen beiden Grundaufgaben ein hoher Prozentsatz an Zuordnungsfehler bei Größen auffallend, was vor allem für diesen Aufgabentyp spezifisch zu sein scheint. In sehr vielen Schülerlösungen ist zu beobachten, dass die im Aufgabentext gegebene Größe als Grundwert und nicht als Prozentwert aufgefasst wird. Damit wird die Struktur der Aufgabe *Frau Fuchs* im Sinne der 1. Grundaufgabe (Prozentwert gesucht) missinterpretiert. Dies legt die Vermutung nahe, dass im Mathematikunterricht die 1. Grundaufgabe der Prozentrechnung ausführlicher behandelt und überbetont wird.

Auch wenn die absoluten Fehlerzahlen in Zusammenhang mit Prozentformeln aufgrund einer geringen Teilstichprobe vergleichsweise niedrig sind, kann festgestellt werden, dass gerade dieses Lösungsverfahren besonders fehleranfällig ist. Insbesondere wurde gezeigt, dass ein Großteil der von den Schülern vorgeschlagenen Prozentformeln entweder falsch memoriert oder falsch reproduziert wird.

Über die vier Fehlerkategorien *Rechenfehler, Zuordnungsfehler bei Größen, Zuordnungsfehler bei Operationen* und *Formelfehler* hinaus wurden zwei weitere Problemfelder deutlich.

Zum einen sind in den fehlerhaften Lösungen viele Schwierigkeiten und Fehler im Umgang mit Größen und Größeneinheiten, insbesondere beim Rechnen mit Größen, offensichtlich. So werden etwa unsachgemäß Elemente unterschiedlicher Größenbereiche, nämlich der Geldbetrag von 1275 € und der Prozentsatz 65 %, subtrahiert. Letztlich wird die relative Angabe 65 % bezogen auf den Grundwert als absolute Größe in Form eines Geldbetrags (65 €) verstanden. Ebenso wäre die Maßeinheit des Quotienten 1275 € : 65 % eine zusammengesetzte Größe im Sinne von $\frac{€}{\%}$. Das Ergebnis wird jedoch im Hinblick auf die Fragestellung als Element des Größenbereichs Geld mit der Einheit € angesehen.

Zum anderen können vor allem am Ende der Lösungsprozesse Anpassungsstrategien beobachtet werden, wenn das ermittelte Ergebnis unrealistisch ist und in Bezug auf die Sachsituation nicht als adäquate Lösung in Frage kommt. Typische Anpassungsstrategien beziehen sich meist auf Stellenwertfehler, die unter anderem aus gelernten Rechentechniken wie z. B. der Kommaverschiebung resultieren.

10 Analyse individueller Lösungsprozesse und Vorstellungen

Die Analysen in Kapitel 9 haben aufgezeigt, dass bei Schülern eine Vielzahl an fehlerhaften Lösungsstrategien und -ansätzen festzustellen ist. Anhand der Aufzeichnungen können jedoch nur bedingt Begründungen für das gezeigte Lösungsverhalten gewonnen werden.

Mithilfe der Interviewmethode sollen insbesondere spezifische Teilschritte des Lösungsprozesses hinterfragt werden, um aufschlussreiche Informationen über die Vorstellungen von Schülern zu bekommen. Die Interviews wurden im halbstandardisierten Format mithilfe eines Leitfragenkatalogs durchgeführt, der ausgehend von einer normativen Aufgabenanalyse passend für jede Aufgabenstellung entwickelt wurde. Die in diesem Kapitel vorgestellten Transskripte beziehen sich auf die Interviews der Erhebungswellen MZP 2 (Ende der 6. Klasse) und MZP 6 (Ende der 10. Jahrgangsstufe), wobei im ersten Fall 36 und im zweiten Fall 16 Schüler aus drei unterschiedlichen Gymnasien teilnahmen. Ein Taschenrechner stand den Schülern nur zu MZP 6 zur Verfügung.

Im Folgenden wird nacheinander auf drei Aufgaben der Interviewstudie Bezug genommen, die die drei Anforderungsniveaus der Prozentrechnung (siehe Kapitel 7.1.2 auf Seite 68f) widerspiegeln. Eine Übersicht der Aufgaben sowie ihre Zuordnung zu den Anforderungsniveaus liefert Tabelle 10.1.

Aufgabe	Anforderungsniveau	Messzeitpunkt
Fahrradkontrolle	(1) Grundaufgabe: Prozentsatz gesucht	MZP 2
Cola	(2) Wiederholung einer Grundaufgabe: Prozente von Prozenten	MZP 2
iPod	(3) Kombination von vermehrtem und vermindertem Grundwert	MZP 6

Tabelle 10.1: Aufgaben aus der Interview-Studie

Im Rahmen der folgenden Interviewanalysen soll geklärt werden, inwieweit sich die Fehlermuster und entsprechende Vorstellungen aus den Transskripten rekonstruieren lassen. Hierzu werden individuelle Lösungsprozesse und (Fehl-) Vorstellungen auf Schülerebene erfasst und analysiert.

Weiterhin wird der Frage nachgegangen, inwieweit die Fehlstrategien auf individuellen Fehlvorstellungen beruhen. Dabei liegt der Fokus auf möglichen Ursachen für das fehlerhafte Bearbeiten der Aufgaben und inwieweit die bei den Schülern feststellbaren Probleme in der Prozentrechnung auf die Vorstellungsebene zurück geführt werden können.

Hinsichtlich identifizierter Fehlvorstellungen wird bei den Analysen ebenfalls untersucht, inwieweit sich der Aufbau von Fehlvorstellungen auf längerfristige Entwicklungsprozesse zurückführen lässt. Handelt es sich etwa bei den Fehlvorstellungen um ein zeitlich begrenztes Phänomen oder stellen sie das Ergebnis von Lernschwierigkeiten und Defiziten über einen längerfristigen Zeitraum dar?

10.1 Auswahl und Dokumentation der Schülerinterviews

Ausgehend von den im vorherigen Kapitel nachgewiesenen typischen Fehlstrategien stehen im Folgenden jene Transskripte im Fokus der Analyse, in denen Schüler dieselben bzw. vergleichbare Lösungsstrategien zeigen. Sowohl Auswahl und Präsentation der folgenden Fallbeispiele haben exemplarischen Charakter und sollen Gründe und Ursachen für die Wahl der fehlerhaften Lösungsansätze liefern.

Aus den Einzelinterviews liegen Dokumente in Form transkribierter Audioaufnahmen sowie die Aufzeichnungen der Schüler vor. Zur übersichtlichen Darstellung der teilweise langen Interviewausschnitte und den zugrunde liegenden Lösungsprozessen werden in Grundzügen sog. *Episodenpläne* (vgl. Peter-Koop, 2003) herangezogen. Sie werden zur Auswertung und Analyse ausgewählter Interviews herangezogen, sofern es der übersichtlicheren Darstellung des Bearbeitungsprozesses dient oder sich aus dieser Darstellung wichtige Informationen hinsichtlich typischer Fehlerursachen ableiten lassen. Bei den Episodenplänen handelt es sich um eine Zusammenstellung der wesentlichen Arbeits-, Teil- und Rechenschritte in tabellarischer Form, wobei wie im beschriebenen Modellierungskreislauf in Kapitel 3.4 eine Trennung von Sachebene und mathematischer Ebene erkennbar ist.

Diese linear von oben nach unten verlaufende Darstellung erweist sich insofern als geeignete Dokumentation der Lösungsprozesse, als

☐ sich bei Schülern einzelne Phasen des Modellierungskreislaufs mehrfach wiederholen können und damit nicht immer der gesamte, aus normativer Sicht ideale, Kreislauf durchlaufen wird (vgl. Borromeo Ferri, 2007) und

☐ sich bei Schülern beobachtete multizyklische Modellierungsprozesse (vgl. etwa Lesh & Doerr, 2000) chronologisch und geordnet darstellen lassen (vgl. Peter-Koop, 2003).

Die zweispaltige Darstellung mit Sachebene und mathematischer Ebene wird im Rahmen dieser Dokumentation und Analyse um eine mittlere Spalte ergänzt, die den Fokus auf Übersetzungsprozesse zwischen diesen beiden Ebenen und zugrunde liegende Vorstellungen seitens der Schüler legt. Damit werden die Episodenpläne zu *erweiterten Episodenplänen* ausgeweitet.

10.2 Aufgabe: Fahrradkontrolle

Vor einer Schule führt die Polizei eine Fahrradkontrolle bei mehreren hundert Schülern durch. In der Zeitung steht am nächsten Tag dazu folgende Meldung:

Die Polizei berichtet:

2 von 5 der kontrollierten Fahrräder waren nicht verkehrssicher.

Wie viel Prozent sind das?

10.2.1 Hinweise zur Aufgabe

Zunächst werden nahe liegende Lösungsstrategien basierend auf Operator und Dreisatz vorgestellt, weitere Lösungsverfahren ergeben sich analog zu den normativen Aufgabenanalysen aus Kapitel 9 und werden an dieser Stelle nicht gesondert aufgeführt.

☐ Operator-Strategien

$$5 \, Fahrräder \xrightarrow{\cdot \frac{p}{100}} 2 \, Fahrräder$$

$$\frac{2}{5} = \frac{40}{100} = 40\,\%$$

$$2 : 5 = 0{,}4 = 40\,\%$$

□ Dreisatz-Strategien

$5\,Fahrräder \stackrel{\wedge}{=} 100\,\%$
$1\,Fahrrad \stackrel{\wedge}{=} 20\,\%$
$2\,Fahrräder \stackrel{\wedge}{=} 40\,\%$

2 von 5 bedeutet dasselbe wie *4 von 10*
bzw. *40 von 100*.
40 von 100 entspricht 40 %.

Hinsichtlich typischer Fehlstrategien sind in erster Linie Schülerschwierigkeiten
und -fehler in Bezug auf mathematische Operationen und Größen und eventuelle
Anpassungsstrategien zur Erlangung eines realistischen Ergebnisses zu erwarten.

□ Zuordnungsfehler bei mathematischen Operationen

Divisor und Dividend werden ver- $5 : 2 = 2,5 = 25\,\%$
tauscht.

Die Zahlen der Aufgabenstellung $5 \cdot 2 = 10\,\%$
werden multipliziert oder subtra- $5 - 2 = 3 = 30\,\%$
hiert.

□ Zuordnungsfehler bei Größen

Die beiden Größen werden einander $2\,Fahrräder \stackrel{\wedge}{=} 5\,Fahrräder$
zugeordnet.

100 % wird der Summe der Fahrrä- $100\,\% \stackrel{\wedge}{=} 7\,Fahrräder$
der zugeordnet.

Der zu 3 Fahrrädern gehörige Pro- $100\,\% \stackrel{\wedge}{=} 5\,Fahrräder$
zentsatz wird als Lösung verstan- $x \stackrel{\wedge}{=} 3\,Fahrräder$
den.

Darüber hinaus sind nach den Ergebnissen der Detailanalysen aus Kapitel 9 auch
Rechen- oder Formelfehler möglich.

Im Folgenden werden fünf Schülerlösungen vorgestellt, die sich auf die Fehler-kategorien *Zuordnungsfehler bei Operationen bzw. Größen* und *Formelfehler* beziehen.

10.2.2 Zuordnungsfehler bei mathematischen Operationen

Die bei der Aufgabe *Erbsen* häufigste Fehlstrategie basierte auf dem Vorgehen, die größere der beiden Zahlen durch die kleinere zu dividieren. Auch im Rahmen der Interviews lässt sich ein ähnliches Vorgehen identifizieren.

Florian versucht, die Aufgabe Fahrradkontrolle folgendermaßen zu lösen:

```
 1   S   Da nehm´ ich dann die 5 mal 2, dann die 5 mal 10
 2       und bei der 2 dann genauso, dann habe ich, habe
 3       ich 40/100.
 4       Wenn ich 100 durch 40 teile, dann habe ich 2
 5       Komma, ähm …
 6   I   Du kannst gerne den Platz auch für Notizen
 7       nutzen, wenn du willst, wenn das einfacher ist.
 8       S rechnet (siehe Abbildung 10.1).
 9   S   2 1/2 Prozent.
10   I   Eben hast du irgendwie gerechnet, da sagst du
11       ja, das sind 40 …
12   S   Ja, dass ich auf 100 komm´. Ich wollt´ mit den 5
13       hier auf die 100 kommen, deswegen hab´ ich dann
14       hier multipliziert.
15   I   Und warum möchtest du auf die 100 kommen?
16   S   Ja weil 1 % sind 100. Nee, 100 % sind 1.
17   I   Ja, noch mal genauer: Was bedeutet für dich 1 %?
18   S   1 %, also 100 ist 1 %.
19       Und mit den 100 kann ich dann auch Prozentrech-
20       nen.
21   I   Und um dann auf die Prozent zu kommen, wie
22       machst du das?
23   S   Da mach´ ich die 100 durch die 40.
24       100 geteilt durch 40.
```

$$100 : 40 = 2,5 \%$$
$$- 80$$
$$\overline{200}$$

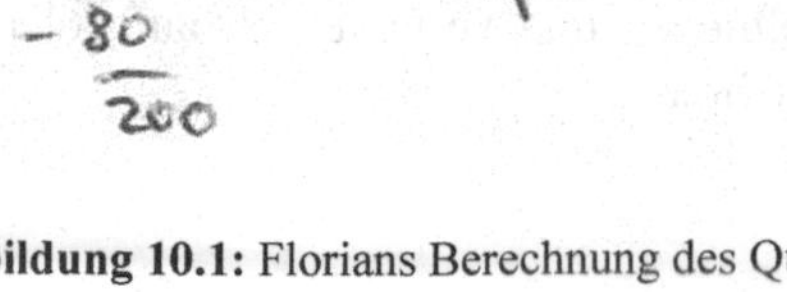

Abbildung 10.1: Florians Berechnung des Quotienten 100 : 40

Zuerst multipliziert Florian die Zahl 5 mit 2 und das Zwischenergebnis mit 10 (Zeile 1) und verfährt mit der zweiten im Aufgabentext vorhandenen Zahl 2 ebenso (Z. 2). Als Ergebnis erhält er den Bruch $\frac{40}{100}$ (Z. 3). Ausgehend von diesem Zwischenergebnis teilt der Schüler den Nenner 100 durch den Zähler 40 in Form einer schriftlichen Division (Z. 4ff und Abbildung 10.1). Dem Ergebnis des Quotienten von 2,5 bzw. $2\frac{1}{2}$ fügt er schließlich das Prozentzeichen hinzu (Z. 9 und Abbildung 10.1).

Florian begründet sein Vorgehen damit, dass er von der Zahl 5 mittels Multiplikation auf 100 kommen muss (Z. 12ff). Er bezieht sich auf die Bezugszahl 100, da 100 % der Zahl 1 entsprechen (Z. 16) und man mit 100 Prozentrechnen kann (Z. 19f). Um den entsprechenden Prozentsatz zu ermitteln, dividiert der Schüler die ermittelten Zwischenergebnisse, wobei er 100 durch 40 teilt (Z. 21ff).

Durch richtige Proportionalitätsüberlegungen mittels Multiplikation im Sinne von Vervielfachen werden aus dem in der Aufgabenstellung gegebenen Zahlenpaar 2 und 5 die entsprechenden Zahlen 40 und 100 ermittelt. Vermutlich leitet Florian unter Aktivierung der Anteilsvorstellung zu Brüchen aus dem Wortlaut *40 von 100* den zugehörigen Bruch $\frac{40}{100}$ ab.

Florian hat offenbar auf einen Bruch mit 100 im Nenner erweitert, da er mit dem Prozentrechnen die Zahl 100 verbindet. In welchem Zusammenhang aber die Bezugszahl 100 mit dem Prozentbegriff steht, kann der Schüler nicht genauer erklären. Er zeigt deutliche Unsicherheiten, wobei er zwar einmal richtigerweise die Zahl 1 mit 100 % identifiziert, er aber auch an mehreren Stellen 1 % mit 100 gleichsetzt. Dies deutet auf einen auswendig gelernten Sachverhalt hin.

Anstatt den Hundertstelbruch direkt in einen Prozentsatz zu transformieren, teilt Florian in einer schriftlichen Division jedoch nicht Zähler durch Nenner, sondern umgekehrt den Nenner durch den Zähler. Da sich offenbar 40 nicht durch 100 im Sinne von Verteilen bzw. Aufteilen teilen lässt, bestimmt der Schüler daher den inversen Quotienten. Nach Berechnung des ermittelten Zahlenergebnisses von 2,5 ergänzt Florian – wie bei anderen Maßeinheiten auch üblich – das Prozentzeichen.

In seinen Ausführungen kann der Schüler zwar einen Bezug zwischen der Prozentrechnung und der Bezugszahl 100 herstellen, allerdings verbindet er mit Prozenten keine adäquaten Grundvorstellungen und verlässt sich auf gelernte, jedoch der Situation unangemessene Verfahren.

Neben dieser Fehlstrategie konnte im Rahmen der Interviewanalysen ebenso eine auf einer ungeeigneten mathematischen Operation basierende Lösung beobachtet werden.

An dieser Stelle werden exemplarisch das Vorgehen und die zugehörige Begründung von **Mia** vorgestellt. Die Schülerin nennt ohne zu Zögern ihre Rechnung und das zugehörige Ergebnis:

```
 1  S  2 mal 5 ist 10. Nee. Wie viel Prozent sind das?
 2     Ich würde jetzt 10 %, 2 mal 5 sind ja 10.
 3  I  Diese 2 von 5, was verstehst du da drunter?
 4  S  Also 2 von den 5, das sind halt,
 5     also z. B. 2 Stücke von 5 Stücken.
 6     (3 Sekunden)
 7     Ja von heißt ja eigentlich mal.
 8  I  Was bedeutet denn Prozent für dich?
 9  S  Prozent?
10  I  Ja. Wie stellst du dir Prozent vor?
11  S  Also, das kann man schlecht erklären. Also ich
12     weiß auch nicht. Als so 1 % von 5 oder so, also
13     das ist jetzt 1 % halt von 5.
14     Das kann man schlecht erklären. Hm.
15     Das ist echt schwer.
```

Mia multipliziert die beiden im Aufgabentext vorhandenen Zahlen 2 und 5 miteinander (Z. 1f) und interpretiert das Ergebnis von 10 als entsprechenden Prozentsatz von 10 % (Z. 2).

Auf Nachfrage hinsichtlich des Wortlauts *2 von 5* erklärt die Schülerin ihre Wahl der Rechenoperation. Im Anschluss an die Paraphrasierung *2 Stücke von 5 Stücken* (Z. 2) erklärt Mia, dass das Wort *von* eine Multiplikation bedeutet (Z. 6).

Zur Lösung der Aufgabe isoliert die Schülerin die beiden Zahlen 2 und 5 aus dem Aufgabentext. Beim Aufstellen der entsprechenden Rechnung stützt sich Mia auf das Schlüsselwort *von*, übersetzt dieses mit einem Malzeichen und erhält den Term $2 \cdot 5$. Offenbar verbindet sie mit dem Wortlaut *2 von 5* in diesem Fall eine multiplikative Rechenanweisung. Dem Zahlenergebnis von 10 fügt die Schülerin schließlich das Prozentzeichen hinzu, ohne dabei seine Bedeutung im Sinne von Hundertstel oder von Hundert zu berücksichtigen.

Wie dem Ende des Transskriptausschnittes (Z. 10ff) zu entnehmen ist, fällt es der Schülerin schwer (Z. 14), ihr Verständnis von Prozentangaben mitzuteilen. Sie kann weder das von ihr herangezogene Beispiel, was 1 % von 5 bedeutet, noch eine entsprechende Wortbedeutung von Prozent erklären. Mia hat offensichtlich keine adäquaten Vorstellungen zum Prozentbegriff aufgebaut und kann vermutlich aus diesem Grunde die Aufgabe nicht richtig lösen.

10.2.3 Zuordnungsfehler bei Größen

Zunächst wird der Lösungsversuch von **Jens** vorgestellt.

```
 1 S   2 %.
 2 I   Wie kommst du darauf?
 3 S   2 von 5 sind 2 %.
 4     Ist doch einfach die Aufgabe.
 5 I   Wenn es z. B. 5 von 5 wäre, was hieße das?
 6 S   100 %.
 7 I   Warum?
 8 S   Weil das alle sind.
 9 I   Was heißt erst mal überhaupt Prozent?
10     Kannst du mir das mal erklären mit deinen Wor-
11     ten, was für dich Prozent ist?
12 S   Ja, wie viel das ist, also halt die Menge prak-
13     tisch. Also …
14 I   Überhaupt erst mal Prozent, nicht jetzt hier von
15     den Fahrrädern.
16 S   Nein, ja. Ich weiß nicht.
17 I   In welchem Zusammenhang tauchen denn z. B.
18     Prozent auf, hast du da irgendein Beispiel da-
19     für?
20     (5 Sekunden)
21 S   Also jetzt, so jetzt. Ähm.
22 I   Ihr hattet das schon im Unterricht.
23     Was waren da Prozent?
24 S   Ja, da haben wir halt meistens Brüche umgerech-
25     net.
26     Und Textaufgaben haben wir auch gemacht, aber
27     ich hab es …
28 I   Und wie habt ihr da Brüche umgerechnet?
29 S   Das hab' ich bis heute noch nicht kapiert.
```

Der Schüler beantwortet die Frage der Aufgabenstellung sehr schnell und bestimmt mit 2 % (Z. 1). Ausgehend von der im Aufgabentext enthaltenen Information *2 von 5* bestimmt er mit 2 bzw. 2 % die Lösung der Aufgabe (Z. 3).

Der Interviewer stellt dem Schüler daraufhin mit *5 von 5, was hieße das?* ein analoges Beispiel (Z. 5). Jens richtige Lösung lautet 100 % (Z. 6). Zur Begründung gibt er an, dass die fünf Fahrräder alle Fahrräder darstellen (Z. 8).

Auf Nachfrage beschreibt der Schüler den Begriff Prozent offensichtlich als Menge (Z. 12). Weiterhin erinnert er sich, dass im Unterricht Prozentsätze in

Brüche umgerechnet (Z. 24f) und entsprechende Textaufgaben gelöst (Z. 26f) wurden. Wie Prozentsätze in Brüche umgewandelt werden können, kann Jens nicht beschreiben (Z. 29).

Jens identifiziert den Wert 2 als die für die Aufgabenlösung relevante Zahl und ordnet ihr den Prozentsatz von 2 % zu, ohne dabei den Grundwert von 5 Fahrrädern oder die Bedeutung des Prozentzeichens zu berücksichtigen. Im Rahmen dieser Zuordnung wird der Größe 2 Stück der Prozentsatz 2 % zugeordnet, indem die Maßzahl erhalten bleibt und die Einheit Stück gegen die Maßeinheit % ausgetauscht wird.

Auf die Nachfrage, wie viel Prozent 5 von 5 sind, gibt Jens mit 100 % die richtige Antwort. Wie seiner Erklärung zu entnehmen ist, assoziiert er die Zahl 5 mit den Attributen *alle* bzw. *alles* und ordnet vermutlich unter Aktivierung von Alltagswissen dieser Zahl den Prozentsatz von 100 % zu. Indem der Schüler den Begriff *Prozent* nur vage mit dem Wort *Menge* umschreibt, wird deutlich, dass er mit dem Prozentbegriff keine adäquaten Vorstellungen verbindet.

Des Weiteren fällt auf, dass von Seiten des Schülers keine Kontrolle bzw. Überprüfung der Lösung vorgenommen wird. Beispielsweise könnte das Ergebnis von 2 % mit einfachen und aussagekräftigen Anteilen wie der Hälfte (50 %) oder dem fünften Teil (20 %) abgeglichen und entsprechend eingeordnet werden.

Im zweiten Teil versucht der Interviewer, Erfahrungen des Schülers zur Prozentrechnung aus dem Mathematikunterricht in Erinnerung zu rufen. Zum einen ist der Schüler nicht in der Lage, ein selbstgewähltes Beispiel zu formulieren, bei dem Prozentangaben vorkommen. Zum anderen berichtet Jens von Aktivitäten wie *in Brüche umrechnen* und *Textaufgaben lösen*. Allerdings kann er nicht konkret widergeben, wie Prozentsätze mit Brüchen zusammenhängen. Dies deutet darauf hin, dass der Schüler keine geordneten Grundvorstellungen zum Prozentbegriff aufbauen konnte, sodass eine Lösung der Aufgabe vermutlich auf Vorstellungsebene verhindert wird.

Der Lösung von **Marina** liegt ein ähnlicher Zuordnungsfehler bei Größen zugrunde, wie das folgende Interview zeigt:

```
1 S   2 von 5. 80 %.
2 I   Warum?
3 S   Ja, weil wenn ich 100 % hab´ hier und ich muss
4     ja … wie viel?
5     2 von 5 sind ja 2 Fünftel und dann tut man ja
6     von den …
7     100 sind halt jetzt die 5 und die 2 sind 80.
8     Oder umgekehrt halt.
```

```
 9 I  Und warum? Wo kommen die 80 her?
10 S  Ja, weil man 20 wegtut von 100.
11    Von den 2, die 2 sind 20.
12 I  Wieso ist 2 von 5 das gleiche wie 2 Fünftel?
13 S  Ja, weil wenn ich jetzt ein Kuchenstück habe und
14    das sind jetzt 5 Stücke und 2 davon nehm´ ich
15    weg, dann sind es 2 Fünftel, 2 von 5.
16 I  Und Prozent, was heißt das eigentlich?
17 S  Von Hundert.
18 I  Von Hundert, ja.
19    Wie stellst du dir denn das vor?
20 S  Weiß ich nicht, ich kann Prozentrechnen nicht
21    mehr.
22 I  Kannst du noch mal erklären, wie du von 2 auf
23    die 80 kommst.
24 S  Ja, weil ich die 2 zu 20 mache und die 20 von
25    100 abziehe.
26 I  Und was ist dann deine Lösung?
27 S  80 % von den Fahrrädern waren nicht verkehrssi-
28    cher.
```

Nachdem die Schülerin die relevante Textpassage wiederholt, nennt sie sofort ihr Ergebnis von 80 % (Z. 1). Zur Begründung führt sie zunächst aus, dass *2 von 5* als Bruch in Form von 2 Fünftel bzw. $\frac{2}{5}$ aufgefasst werden kann (Z. 5). Dazu formuliert sie sogar ein Alternativbeispiel aus der Bruchrechnung, bei dem 2 von 5 Kuchenstücken einem Anteil von 2 Fünftel entsprechen (Z. 13ff).

Ihr Ergebnis erklärt Marina allerdings unter Zuhilfenahme der Bezugszahl 100, die sich aus dem Verständnis des Prozentbegriffs als *von Hundert* ergibt (Z. 17). Sie ordnet offenbar die Zahl 100 den 5 Fahrrädern zu und bringt 2 Fahrräder mit 80 bzw. 80 % in Verbindung (Z. 7). Letzteren Sachverhalt erklärt sie damit, dass die 2 Fahrräder der Zahl 20 entsprechen (Z. 11) bzw. sie 2 zu 20 umwandelt (Z. 24). Anschließend subtrahiert sie 20 von 100, erhält 80 (Z. 9f und Z. 22f) und interpretiert dieses Ergebnis als gesuchten Prozentsatz von 80 % (Z. 27).

Marina dekodiert den Aufgabentext *2 von 5* richtig und übersetzt diesen in den Bruch $\frac{2}{5}$. Das von ihr angeführte Analogbeispiel beinhaltet einen vergleichbaren Wortlaut und bezieht sich auf ein elementares Beispiel der Bruchrechnung, bei dem $\frac{2}{5}$ als Anteil an einem Ganzen verstanden und anhand der ikonischen Darstellungsform des Kreises veranschaulicht wird. Dies lässt darauf schließen, dass sie eine adäquate Grundvorstellung zum Bruchzahlbegriff aufgebaut hat.

Die Schülerin ordnet dem Grundwert 5 die Zahl 100 zu und meint damit vermutlich den entsprechenden Prozentsatz 100 %. Dieser Lösungsschritt beruht möglicherweise auf der Aktivierung ihrer von-Hundert-Vorstellung zum Prozentbegriff. Die Zahl 2 verwandelt sie aus nicht explizit erklärten Gründen zu 20. Vermutlich verbindet sie damit eine realistische Größenordnung von Prozentsätzen.

Über diesen Fehler hinaus unterläuft Marina ein Zuordnungsfehler bei der mathematischen Operation der Subtraktion. Die bereits im mathematischen Anfangsunterricht etablierte Interpretation des Worts *von* im Sinne von *Wegnehmen* führt dazu, dass die Schülerin die Differenz aus den zugeordneten Werten 100 und 20 bildet und das Ergebnis als Lösung der Aufgabe interpretiert. Auch wenn die Schülerin in dem Interview fast vollständig auf das Prozentzeichen verzichtet, kann aufgrund des Antwortsatzes vermutet werden, dass sie mit den Zahlen 100, 20 und 80 offensichtlich die entsprechenden Prozentsätze verbindet.

Die auf Nachfrage genannte Bedeutung des Prozentbegriffs *von Hundert* äußert sich zwar in der richtigen Zuordnung des Grundwerts zu 100 %, wirkt allerdings als auswendig gelerntes Wissen. Da die Schülerin vermutlich keine weiteren Vorstellungen wie z. B. Vervielfachungsvorstellung bei proportionalen Zuordnungen aktivieren kann, gelingt es ihr nicht, die Aufgabe richtig zu lösen.

10.2.4 Formelfehler

Lucia zieht zur Lösung der Aufgabe Fahrradkontrolle eine Formel heran (siehe Abbildung 10.2). Dazu ermittelt sie jedoch zuerst ein Zwischenergebnis:

$$2 \cdot (1 - x\%) = 2{,}5$$
$$1 - x\% = \frac{2{,}5}{2} = 1{,}25$$
$$x\% = 1{,}25 - 1 = 0{,}25$$
$$0{,}25 \cdot 100\% = 25\%$$

Abbildung 10.2: Lucias Gleichung zur Aufgabe Fahrradkontrolle

```
1  S   5 geteilt durch das.
2      Also 2 von den ganzen 5 Fahrrädern waren nicht
3      verkehrssicher.
4      Also 5 geteilt durch 2 sind 2 Komma …
5      (7 Sekunden)
```

```
 6 S   2,5. 2,5 Fahrräder wurden, waren verkehrssicher.
 7     Also 2,5 waren verkehrssicher und 2 waren nicht
 8     verkehrssicher.
 9 S   Und 2 mal x minus 1 %, gleich 2,5.
10     (4 Sekunden)
11 I   Das erste soll jetzt ein Einser sein?
12 S   Ja, und das ist ein x.
13     Ja weil das ist so 'ne Formel.
14     Und jetzt statt dem mal geteilt rüberholen.
15     (8 Sekunden)
16     Was ist denn das? Komma verschieben. Ähm.
17     Einmal. 2. 5. Eins Komma fünfundzwanzig.
18     X Prozent, die 1 jetzt minus …
19     Also die 1,25 minus die 1 ist gleich 0,25.
20     Und 0,25 mal 100 % ist gleich, und jetzt zwei
21     Stellen nach rechts, sind 25 %.
```

Zuerst teilt die Schülerin die größere der beiden im Aufgabetext vorhandenen Zahlen durch die kleinere und erhält für den Quotienten 5 : 2 (Z. 4) das Ergebnis 2,5 (Z. 6). Dieses interpretiert sie als Anzahl der verkehrssicheren Fahrräder (Z. 6f).

Anschließend stellt Lucia die Gleichung $2 \cdot (1 - x\,\%) = 2{,}5$ auf, in der sie 2 als Anzahl der nichtverkehrssicheren und 2,5 als Anzahl der verkehrssicheren Fahrräder einsetzt (Z. 9f und Abbildung 10.2). Mittels mehrerer Rechenanweisungen löst die Schülerin in mehreren Schritten die Gleichung nach x % auf (Z. 14, 16, 18f und 19), wobei ihr ein Vorzeichenfehler unterläuft (Z. 18 und vorletzte Zeile von Abbildung 10.2).

Um den Dezimalbruch 0,25 (Z. 19) in Prozentschreibweise umzuwandeln, multipliziert die Schülerin 0,25 mit 100 % (Z. 20) und erhält als Ergebnis einen Prozentsatz von 25 % (Z. 21).

Lucia bestimmt aus den gegebenen Zahlenwerten 5 und 2 die Anzahl der verkehrssicheren Fahrräder, indem sie fünf durch zwei dividiert und damit – anstelle der Subtraktion – eine inadäquate mathematische Operation auswählt. Offenbar hat die Schülerin Defizite auf der Vorstellungsebene, die sich auf einfache handlungsorientierte Grundvorstellungen auf Grundschulniveau beziehen. Das Ergebnis von 2,5 wird als Anzahl der verkehrssicheren Fahrräder interpretiert und hinsichtlich der Realsituation nicht auf Plausibilität überprüft. Es findet keine Kontrollrechnung statt, in der die Summe aus verkehrssicheren und nichtverkehrssicheren Fahrrädern fünf ergeben müsste.

Dann stellt die Schülerin eine Gleichung auf, die sie kurz darauf korrigiert und anschließend löst (siehe Abbildung 10.2). Vergleicht man die von der Schülerin favorisierte Gleichung $2 \cdot (1 - x\,\%) = 2,5$ mit Formeln aus Schulbüchern bzw. Formelsammlungen, lässt sich eine gemeinsame Struktur mit dem Ausdruck $W = (1 - p) \cdot G$ erkennen. Hier handelt es sich um eine Formel zur Bestimmung des verminderten Grundwerts W bei bekanntem Grundwert G und der anteiligen Änderung von p. Damit werden (1) eine Formel zur Lösung herangezogen, die nicht den Sachverhalt der zugrunde liegenden Aufgabe widerspiegelt und (2) den Variablen W und P falsche Größen zugeordnet. Die Aussage *Ja weil das ist so 'ne Formel* (Z. 13) deutet außerdem darauf hin, dass keine inhaltliche Überprüfung erfolgt, inwieweit die Formel dem Sachverhalt angemessen ist.

Die sich anschließenden Äquivalenzumformungen sind von Schematismus und Regelorientierung geprägt, was sich in der Verwendung der Begriffe *rüberholen* (Z. 14) und *Komma verschieben* (Z. 16) zeigt. Nach dem Vorzeichenfehler wandelt die Schülerin schließlich die rationale Zahl in den Prozentsatz 25 % durch Multiplikation mit 100 % um. Dieses richtige Vorgehen ergibt sich zwar nicht direkt aus der zu lösenden Gleichung, führt aber hinsichtlich der Größenordnung zu einem für Lucia offenbar plausiblen Ergebnis.

Die einzelnen Lösungsschritte der Schülerin lassen sich in einem erweiterten Episodenplan folgendermaßen zusammenfassen:

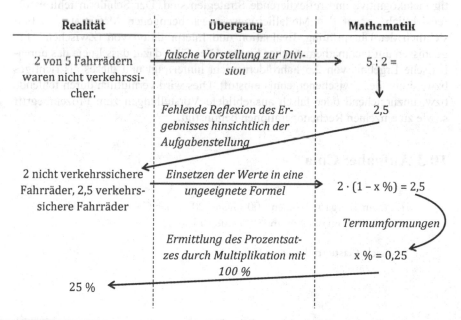

Abbildung 10.3: Lucias Lösungsweg im erweiterten Episodenplan

Der übersichtlichen Darstellung ist insbesondere zu entnehmen, wie sich die Übersetzungsprozesse zwischen Realität und Mathematik darstellen und dass sogar bei solchen elementaren Aufgaben mehrfach zwischen diesen beiden Ebenen gewechselt wird.

Die Betrachtung der mittleren Spalte des Übergangs zwischen den beiden Ebenen Realität und Mathematik zeigt, dass die Schülerin entweder unpassende Vorstellungen aktiviert, wie z. B. beim Aufstellen des Quotienten 5 : 2, oder fehlende Vorstellungen zum Einsatz ungeeigneter Lösungsverfahren führen, wie bei der Formel zum verminderten Grundwert. Bei den Äquivalenzumformungen fällt auf, dass die Schülerin offensichtlich in der Anwendung von Formeln, Regeln und schematischen Rechentechniken trainiert ist. Damit verdeutlicht die Abbildung, dass die Schülerin offensichtlich Defizite auf Vorstellungsebene aufweist.

Weiterhin wird deutlich, dass die Aussage *2 von 5 der Fahrräder waren nicht verkehrssicher* bzw. die zugrunde liegenden Zahlen mehrfach neu interpretiert werden. Zu Beginn wird die Situation in eine Division mit 2 als Divisor übersetzt, in Zusammenhang mit der Formel wird dieselbe Zahl 2 – vermutlich unbewusst – als verminderter Grundwert einer Prozentrechenaufgabe interpretiert.

Aus dem erweiterten Episodenplan kann ebenso abgeleitet werden, wie wichtig metakognitive und reflektierende Strategien sind. Der Schülerin fehlt es offensichtlich an auf den Modellierungsprozess bezogenen Metastrategien hinsichtlich der Überprüfung, Evaluation und Interpretation von (Zwischen-) Ergebnissen auf fachmathematischer Ebene. Dies führt dazu, dass Lucia das unrealistische Ergebnis von 2,5 Fahrrädern nicht hinterfragt und dieses als richtiges bzw. sinnvolles Zwischenergebnis einstuft. Dies wird vermutlich durch fehlende bzw. unzureichend oder falsch ausgebildete Vorstellungen zum Prozentbegriff sowie zu einzelnen Rechenoperationen begünstigt.

10.3 Aufgabe: Cola

In einem Biergarten sitzen 200 Gäste. 20 % der Gäste trinken alkoholfreie Getränke. Hiervon 80 % eine Cola.

Wie viele Gäste trinken eine Cola?

10.3.1 Hinweise zur Aufgabe

Aufgabe Cola stellt eine Standardaufgabe zur Prozentrechnung zum Üben von Basisfähigkeiten dar. Ihr liegt eine zweischrittige Struktur zugrunde, da zur Lösung der Problemstellung zweimal nacheinander eine Grundaufgabe vom Typ 1 *Prozentwert gesucht* durchlaufen werden muss.

Hinsichtlich der Schülerlösungen sind in erster Linie folgende Strategien zu erwarten:

☐ Operator-Strategien

20 % wird als Bruch bzw. als Dezimalbruch interpretiert.	$200 \cdot \frac{20}{100} = 40,\quad 40 \cdot \frac{80}{100} = 32$ $200 \cdot 0{,}2 = 40,\quad 40 \cdot 0{,}8 = 32$
Die beiden Teilschritte lassen sich in einem Term zusammenfassen.	$(200 \cdot 0{,}2) \cdot 0{,}8 = 32$

☐ Dreisatz-Strategien

Das Zwischenergebnis aus Schritt 1 wird als neuer Grundwert interpretiert.	1. 100 % ≙ 200 *Personen* 1 % ≙ 2 *Personen* 20 % ≙ 40 *Personen*
	2. 100 % ≙ 40 *Personen* 1 % ≙ 0,4 *Personen* 80 % ≙ 32 *Personen*
Der Prozentsatz wird als Angabe im Sinne *von Hundert* interpretiert.	20 % bedeutet *20 von 100 Personen.* 20 % von 200 Personen sind daher 40 Personen.
	80 % bedeutet *80 von 100 Personen* bzw. *8 von 10 Personen.* 80 % von 40 Personen sind daher 32 Personen.

Hinsichtlich typischer Fehlstrategien sind in erster Linie Schülerschwierigkeiten und -fehler in Bezug auf mathematische Operationen und Größen und eventuelle Anpassungsstrategien zur Erlangung eines realistischen Ergebnisses zu erwarten.

☐ Zuordnungsfehler bei mathematischen Operationen

Der Grundwert wird durch 40 bzw. 80 dividiert.	$200 : 40 = 5$
Das Wort hiervon wird mit einer Subtraktion in Verbindung gebracht.	$200 - 80 = 120$ $80 - 20 = 60$

☐ Zuordnungsfehler bei Größen

Das Zwischenergebnis wird nicht als neuer Grundwert interpretiert.	$100\,\% \triangleq 200\ Personen$ $1\,\% \triangleq 2\ Personen$ $80\,\% \triangleq 160\ Personen$
Der Prozentsatz 20 % wird als Anzahl (20 Gäste) aufgefasst.	$20\,\% \triangleq 20\ Personen$
Die Summe aus 20 % (alkohol-freie Getränke) und 80% (Cola) ergibt die Anzahl aller Gäste (100 %).	$20\,\% + 80\,\% = 100\,\%$

Im Folgenden werden drei Schülerlösungen vorgestellt, die ihren Fokus auf den Fehlerkategorien *Zuordnungsfehler bei Größen* und *Zuordnungsfehler bei Operationen* haben.

10.3.2 Zuordnungsfehler bei Größen

Theresa zeigt teilweise richtige Ansätze, hat jedoch Schwierigkeiten hinsichtlich der Zuordnung der im Aufgabentext gegeben Prozentsätze.

```
1 S   Naja, also erst mal, dass die 200 Gäste 100 %
2     sind.
3     Und davon dann die 20, und dann halt noch 80 üb-
4     rig bleiben.
```

```
 5  S   Aber da müsste man jetzt ausrechnen, ähm, von
 6      den 200 Gästen, wie viel 20 % sind.
 7  I   Kannst du das machen?
 8  S   Ja, denk´ schon.
 9      S rechnet 200 · 0,20. (28 Sekunden)
10      Also das sind dann 40 Leute, die alkoholfreie
11      Getränke trinken.
12      Und dann müsste man noch 200 - 40.
13      Und das sind dann 160, trinken ´ne Cola.
```

Zuerst identifiziert die Schülerin die Anzahl aller Gäste als Grundwert und ordnet diesem den Prozentsatz 100% zu (Z. 1f). Sie weist darauf hin, dass in einem ersten Schritt bestimmt werden muss, wie viel 20 % von 200 sind (Z. 5f). Die zugehörige Rechnung 200 · 0,20 führt sie schriftlich durch (Z. 9) und erhält das Ergebnis, dass 40 Personen alkoholfreie Getränke trinken (Z. 10f).

Anschließend subtrahiert Theresa dieses Zwischenergebnis von 200 (Z. 12). Die Differenz von 160 interpretiert sie schließlich als Anzahl der Gäste, die eine Cola trinken (Z. 13). Die Begründung für diesen Rechenschritt liefert die Schülerin bereits zu Beginn des Interviews, indem sie darauf hinweist, dass bei 20 % noch 80 % übrig bleiben (Z. 3f).

Theresa ist offensichtlich in der Lage, Prozentwerte zu gegebenem Grundwert und Prozentsatz mittels Operatormethode auszurechnen, wobei sie den Prozentsatz 20 % in einen Dezimalbruch umwandelt. Das Ergebnis des Produkts aus 200 und 0,20 interpretiert die Schülerin als die Anzahl der Gäste, die alkoholfreie Getränke zu sich nehmen.

Den zweiten Prozentsatz von 80 % versteht die Schülerin offenbar nicht als einen auf den neuen Grundwert von 40 wirkenden Operator. Vielmehr identifiziert sie diesen Anteil mit den restlichen Gästen, da die Summe aus 20 % und 80 % genau 100 % ergibt. Damit bezieht sie die beiden Prozentsätze fälschlicherweise auf denselben Grundwert von insgesamt 200 Gästen. Auch wenn dieser Fehler womöglich durch das Zahlenmaterial der Aufgabenstellung begünstigt wird, bezieht sich diese Aufteilung der beiden Prozentwerte nicht nach sich ausschließenden Merkmalen, sodass die Addition der beiden Werte in diesem Sachkontext nicht sinnvoll ist.

Alternativ lässt sich Theresas Fehler damit erklären, dass sie den Aufgabentext *hiervon 80 %* im Sinne einer subtraktiven Rechenanweisung auffasst. In diesem Fall wäre die Fehlerursache als Zuordnungsfehler bei Operationen anzusehen, da dieses Vorgehen auf einer Fehlvorstellung bzgl. der Subtraktion basiert.

10.3.3 Zuordnungsfehler bei Operationen

In dem ersten Interview, das hier analysiert wird, erfasst **Simon** die beiden Teilschritte der Aufgabe richtig, wie folgender Abschnitt zeigt:

```
 1 S  Ja also, ich würd´ jetzt erst mal ausrechnen,
 2    was die 20 %, wie viel Gäste das sind.
 3    Da muss ich also 200 durch 20, das sind 10.
 4    Also 10 Gäste trinken alkoholfreie Getränke.
 5    Und von den 10 Leuten trinken 80 % ´ne Cola.
 6    Dann muss ich das mal 80, ähm, durch 100 dann.
 7    800 durch 100, das sind 8 Gäste.
 8    Also ich denk´, dass 8 Gäste eine Cola trinken.
 9 I  Kannst du mir das noch mal erklären?
10    20 % der Gäste trinken alkoholfreie Getränke.
11    Wie du dann auf die Gäste kommst, die alkohol-
12    freie Getränke trinken?
13 S  Ja wenn ich 200 Gäste, von, also 20 % von den
14    200 Gästen …
15    Wenn´s jetzt 25 % wären, wär´s ja 1/4 davon und
16    das wären dann 50 Leute.
17    Aber wir haben ja bloß 20 %, das sind dann 20
18    Gäste, ähm, 10 Gäste.
19 I  Wie berechnest du dann davon die 80 %?
20 S  Ja, da hab´ ich ja 10 Personen wieder.
21    Also 200 Gäste, jetzt 10 Personen.
22    Und da muss ich dann das mal 80 nehmen, also die
23    Prozent von dem.
24    Halt, das ist ja falsch. Also ich denk´, das ist
25    falsch.
26 I  Was ist falsch?
27 S  Weil da hab ich ja auch das, also 10 mal 80
28    durch 100.
29    Und da müsst´ ich ja auch 200 mal 20.
30    Das sind 4000, durch 100?
31    Nee. Doch, das stimmt schon.
32    Ja also ich denk´, dass es so ist.
```

Der Schüler berechnet zuerst, wie viel 20 % sind (Z. 1f) und dividiert dazu 200 durch 20 (Z. 2). Das Ergebnis von 10 fasst er als die Anzahl derjenigen Personen auf, die alkoholfreie Getränke trinken (Z. 3f). Zur Erklärung des Ergebnisses führt Simon einen Größenvergleich einfacher und aussagekräftiger Anteile an (Z. 15ff). Ein prozentualer Anteil von 25 % ist mit dem Bruchanteil $\frac{1}{4}$ gleichzusetzen (Z. 15) und entspricht einer Anzahl von 50 Leuten (Z. 16). Da in der Aufgabe jedoch nur nach 20 % der Gäste gefragt ist (Z. 17), trinken nur 10 Gäste alkoholfreie Getränke (Z. 18). Im zweiten Rechenschritt ermittelt der Schüler, wie viel 80 % von 10 Personen sind (Z. 5). Hierfür multipliziert er 10 mit 80, dividiert anschließend durch 100 (Z. 6f) und erhält die Lösung von 8 Gästen (Z. 7f). Bei der Erklärung bzw. Begründung des zweiten Rechenschrittes beginnt Simon, die Rechenverfahren der Teilschritte zu vergleichen und überlegt, dasselbe Verfahren (Multiplikation mit 80 und Division durch 100) auf den ersten Teilschritt anzuwenden (Z. 27ff). Nach einer Zwischenrechnung (Z. 30) bricht er diesen Gedanken jedoch ab und beruft sich auf das zuvor berechnete Ergebnis (Z. 31f).

Zur Berechnung des ersten Teilschrittes teilt der Schüler den Grundwert 200 durch 20 und interpretiert den Wert des Quotienten als Anzahl der Gäste, die alkoholfreie Getränke trinken. Hier liegt vermutlich die bereits in den Aufgabenanalysen nachgewiesene und vom Kontext unabhängige Fehlstrategie der Division der größeren durch die kleinere Zahl zugrunde, wobei das Prozentzeichen außer Acht gelassen und im Rechenterm 200 : 20 nicht berücksichtigt wird. Im Rahmen seiner Erklärung vergleicht der Schüler das Zwischenergebnis mit einem weiteren Wert. Dazu ermittelt er eine Vergleichsgröße, indem er den zu 20 % etwas größeren Prozentwert von 25 % als $\frac{1}{4}$ des Grundwertes interpretiert und das Ergebnis vermutlich im Sinne des vierten Teils der Ausgangsgröße intuitiv richtig bestimmt. Da 20 % weniger als 25 % − bezogen auf denselben Grundwert − darstellen erscheint ihm das Zwischenergebnis von 10 Personen im Vergleich zu 50 Personen plausibel zu sein. Eine weitere Abschätzung des Ergebnisses − etwa der Art, dass 20 % mehr als die Hälfte von 25 % sind und damit das Ergebnis größer als 25 sein müsste − erfolgt nicht.

Im zweiten Teilschritt wird 80 % richtigerweise als operative Rechenanweisung der Form *multipliziere mit 80 und dividiere durch 100* verstanden, die sich auf den im ersten Schritt ermittelten Zwischenwert als Grundwert von 10 Personen bezieht. Es fällt auf, dass Simon die strukturell vergleichbaren Teilschritte mit unterschiedlichen Strategien löst, wobei er einmal auf ein falsches und das andere Mal auf ein richtiges Verfahren zurückgreift. Zur Begründung des zweiten Rechenschrittes führt Simon an, dass *die Prozente*, also der Prozentsatz, mit dem Grundwert multipliziert werden müssen, wobei das Prozentzeichen offensichtlich als Rechenanweisung *geteilt durch 100* verstanden wird. Dabei fällt ihm augenscheinlich auf, dass er die beiden Teilschritte mit unterschiedlichen Strategien löst, sodass er seine Lösung in Frage

stellt und davon ausgeht, dass die Bestimmung des Zwischenwertes fehlerhaft
ist. Daher überprüft der Schüler diesen Rechenschritt unter Verwendung der
Analogie zum zweiten Teilschritt, indem er richtigerweise den Grundwert 200
mit 20 multipliziert und durch 100 teilen will. Allerdings verwirft er diesen Vorschlag sofort wieder und kehrt zu seiner ursprünglichen Lösung zurück.

Das von Simon selbst angezweifelte Vorgehen bildet die Grundlage weiterer
Nachfragen im Interview.

```
33 I   Warum hast du gerade gedacht, das wär´ falsch?
34 S   Ähm, ja weil ich irgendwie gedacht hab, dass ich
35     da irgendwie einen Fehler hab´.
36 I   Macht das hier einen Unterschied, ob man 20 %
37     jetzt hier von den 200 Gästen berechnet, vom
38     Rechnen her, oder ob man 80 % Prozent berechnet?
39 S   Ähm ja, weil 80 %, das ist dann auch nochmal
40     weniger als 20%.
41 I   Aber zum Beispiel nehmen wir mal an, in einem
42     Biergarten sitzen 200 Gäste. 80 % der Gäste
43     trinken alkoholfreie Getränke.
44 S   Ja also, wenn 80 % trinken, sind das mehr.
45 I   Wie würdest du das dann rechnen?
46 S   Ähm, da muss ich also auch 200 durch 80. Oh, das
47     geht nicht.
48 I   Naja, okay. Sagen wir ungefähr?
49 S   Ja, das sind ungefähr 20. Oder also 25.
50 I   Und wenn jetzt hiervon 20 % eine Cola trinken.
51     Wie würdest du das dann rechnen?
52 S   Also von 25, mal 20. Das sind 500.
53     Und dann auch durch 100. Das sind dann 5.
```

Simon bejaht die Frage des Interviewers (Z. 39), ob es Unterschiede bei den
Berechnungen der beiden Teilschritte gibt (Z. 36ff) und begründet dies damit,
dass sich der Prozentsatz von 80 % auf einen geringeren Wert bezieht (Z. 39f).
Der Interviewer stellt anschließend ein analoges Rechenbespiel, indem er die
Reihenfolge der Prozentsätze vertauscht und zuerst 80 % von 200 berechnet
werden sollen (Z. 41f). Simon ermittelt den gesuchten Wert mittels Division,
wobei er 200 durch 80 teilt (Z. 46) und aufgrund eines Rechenfehlers ein Ergebnis von ungefähr 25 erhält (Z. 49). Anschließend berechnet der Schüler 20 % von
25: er multipliziert 25 mit 20 (Z. 52), dividiert dann das Zwischenergebnis durch
100 und erhält die Lösung 5 (Z. 53).

Die Ausführungen des Schülers zeigen, dass er rechenstrategisch zwischen den beiden Teilschritten differenziert, da sich die Prozentsätze auf unterschiedliche Grundwerte beziehen. Auch die zum Schluss gestellte Alternativaufgabe, zuerst 80 % von 200 Gästen und davon nochmals 20 % zu bestimmen, verdeutlicht, dass der Schüler im ersten Teilschritt die Division 200 : 80 bevorzugt. 20 % von diesem Zwischenergebnis berechnet er mittels Operator-Strategie folgerichtig. Der Rechenfehler im ersten Lösungsschritt wird vermutlich dadurch begünstigt, dass der Schüler im Vergleich zur ursprünglichen Aufgabenstellung einen größeren Wert erwartet (Z. 44).

Fasst man den Lösungsprozess im Ganzen zusammen, fällt auf, dass der Schüler zwar bei beiden strukturgleichen Rechenschritten Analogien erkennt, sie dennoch mithilfe unterschiedlicher Lösungsstrategien löst.

Bei der Fehlstrategie *Teile immer die große Zahl durch die kleine Zahl* wird zudem das Prozentzeichen des Prozentsatzes in der Rechnung nicht berücksichtigt. Während beim zweiten Teilschritt das Prozentzeichen im Sinne der Rechenanweisung *dividiere durch 100* einfließt, bleibt das inhaltliche Verständnis zum Prozentbegriff unklar und das rechnerische Vorgehen wirkt als auswendig gelerntes Verfahren.

In dem letzten Interview ist eine vergleichbare Fehlstrategie zu beobachten. Rainer gibt zunächst die relevanten Inhalte der Textaufgabe mit eigenen Worten wider und notiert dann die in Abbildung 10.4 dargestellte Rechnung, die er im weiteren Verlauf des Interviews erklärt.

$$200 : 20 \% = 200 : 0{,}2 \Rightarrow \frac{2000}{2} = 1000 : 10$$

Abbildung 10.4: Rainers Berechnung des Teils einer Größe

```
1  S  2, jetzt hab´ ich das Komma weggelassen, da es
2     einfacher zu rechnen geht.
3     Dafür hab´ ich hier eine 0 angehängt, also mit
4     10 erweitert, das gibt dann 1000.
5     Und dann muss ich durch 10 teilen, weil ich ja
6     durch 10 erweitert habe und dann gibt das 100.
7     Also 100 Gäste trinken eine Cola.
8     Das geht aber irgendwie nicht.
9     Das wäre dann die Hälfte.
```

```
10  I   Jetzt hast du hier oben ja gerechnet, 200 ge-
11      teilt durch 20 %. Warum rechnest du das so,
12      kannst du mir das erklären?
13  S   Ja, ähm, eigentlich wollte ich ja jetzt dass da,
14      normalerweise müsste das ja hier durch 20 %, da
15      müsste das kleiner werden. Aber da hab´ ich ir-
16      gendwo einen Fehler gemacht und dann ist das
17      falsch herausgekommen.
```

Der Schüler übersetzt die innerhalb der Sachsituation enthaltene Information *20 % der 200 Gäste trinken alkoholfreie Getränke* in den Modellansatz 200 : 20 % und wandelt den Prozentsatz in einen Dezimalbruch um (Abbildung 10.4). Nach Anwendung entsprechender Rechenregeln zur schriftlichen Division (Z. 1ff) erhält Rainer das Zwischenergebnis 1000 (Z. 4). Er schließt eine Division durch 10 an (Z. 5) und begründet dies mit einer vorangegangenen Erweiterung mit 10 (Z. 6). Das Ergebnis von 100 Personen mit alkoholfreien Getränken (Z. 7) stuft der Schüler jedoch als unmöglich ein (Z. 8), da 100 die Hälfte von 200 wäre (Z. 9).

Auf Nachfrage begründet Rainer die Wahl der Division damit, dass er einen kleineren Wert als Ergebnis erwartet (Z. 15).

In dem Rechenansatz greift der Schüler statt der Multiplikation auf die Division zurück. Die Begründung des Rechenzeichens wird im zweiten Teil des Inter-view-Abschnittes deutlich. Da Rainer aus vermutlich bisherigen Erfahrungen weiß, dass 20 % von 200 weniger als 200 sind, und dass durch Aufteilen eine Grundmenge verringert bzw. verkleinert werden kann, wählt der Schüler die Division der beiden Zahlenwerte 200 und 20 %. Nach Erhalt eines unrealistischen Zwischenergebnisses zweifelt der Schüler nicht an seinem Rechenansatz, er geht vielmehr davon aus, dass ihm anderweitig ein Rechenfehler unterlaufen ist (Z. 16).

Weiterhin sind bei Rainer Schwierigkeiten in Zusammenhang mit der Division durch einen Dezimalbruch und dem Erweitern festzustellen. Seinen Angaben zufolge muss das richtige Ergebnis am Ende der Rechnung 2000 : 2 durch 10 dividiert werden, da er zuvor den Quotienten mit 10 erweitert hat. Diese Zusatzrechnung wird außerdem dadurch begünstigt, dass der Schüler mit 1000 ein augenscheinlich unmögliches Zwischenergebnis erhält, da 1000 Personen die Anzahl aller Gäste übersteigt.

Rainer erkennt jedoch auch, dass das Teilergebnis, 20 % von 200 sind 100, nicht als Lösung in Betracht kommen kann, da 100 Personen die Hälfte und damit nicht 20 % aller Gäste darstellen. Es ist davon auszugehen, dass der Schüler der Hälfte einer Ausgangsmenge den Prozentsatz 50 % richtig zuordnen kann.

Da Rainer offensichtlich einen Fehler in der schriftlichen Division vermutet, stellt er einen neuen Rechenansatz auf, wie dem weiteren Verlauf des Interviews zu entnehmen ist.

18 S Also 20 %, das sind $\frac{1}{5}$, $\frac{1}{5}$ wäre das umgerechnet.
19   Dann würde das hier eigentlich so heißen:
20   200 durch $\frac{1}{5}$.
21   Das wäre dann 200, das wären in einem Bruch $\frac{200}{1}$
22   geteilt durch $\frac{1}{5}$. Das ist dann $\frac{200}{1}$ mal $\frac{5}{1}$.
23   S rechnet (4 Sekunden).
24   Das ist jetzt komisch, weil das würde dann 1000
25   ergeben.
26 I Warum kann das nicht sein? Oder warum findest du
27   das komisch?
28 S Weil das dann, weil dann mehr, also mehr Gäste
29   überhaupt alkoholfreies Getränk trinken, als
30   überhaupt Gäste im Biergarten sitzen.
31 I Und du hast eben jetzt ja gesagt, 20 % sind $\frac{1}{5}$.
32   Wenn du jetzt rein intuitiv da drangehst, was
33   müssten denn deiner Meinung nach $\frac{1}{5}$ von den 200
34   Gästen sein?
35 S $\frac{1}{5}$ von den 200, das wären für mich jetzt 40.
36 I Wie kommst du darauf?
37 S Wenn man einen Nuller streichen würde, dann
38   würde das die gleiche Rechnung wie 4, also 20
39   und $\frac{1}{5}$, und das wären dann 4.
40   Und da wir aber bei den 200 einen Nuller abge-
41   nommen, also geklaut habe, muss ich den nachdem
42   wieder zurückgeben und dann wären es 40.

Rainer identifiziert mit dem Prozentsatz 20 % den Stammbruch $\frac{1}{5}$ (Z. 18). Analog zu seinem ersten Lösungsvorschlag berechnet er den Quotienten 200 : $\frac{1}{5}$ (Z. 20), wobei er die Rechenregeln für die Division von Brüchen korrekt anwendet (Z. 21ff). Das Zwischenergebnis von 1000 Gästen (Z. 24) ordnet er als komisch bzw. unmöglich ein (Z. 24), da es nicht mehr Gäste geben kann, die alkoholfreie Getränke konsumieren, als insgesamt Personen vorhanden sind (Z. 28ff). Auch bei dieser Lösungsvariante verwendet der Schüler ganz selbstverständlich die Division.

Die Aufforderung seitens des Interviewers, $\frac{1}{5}$ von 200 intuitiv zu bestimmen (Z. 31ff), führt letztlich zu dem richtigen Ergebnis von 40 (Z. 35). Auch wenn seine Erklärungen hinsichtlich Nullen streichen (Z. 37), Nullen abnehmen/klauen (Z. 40f) und zurückgeben einer Null (Z. 42) sehr rezepthaft und unverstanden wirken, gelingt es dem Schüler mit grundlegenden Anteilsvorstellungen der Bruchrechnung, das richtige Zwischenergebnis zu bestimmen (Z. 42).

Auf dieser Basis kann Rainer den zweiten Teilschritt bearbeiten:

```
43  I   Jetzt hast du ja gerade eben gesagt, normaler-
44      weise müssten von den 200 Gästen 20 %, das müss-
45      ten ja 40 sein. Jetzt steht ja hinterher noch
46      hiervon trinken 80 % eine Cola.
47      Wie würdest du das dann rechnen, wie viel davon
48      dann 80 % sind?
49  S   Ja dann, von 40 müsste man durch 0,8 teilen,
50      also durch 80 %.
51      Und dann würden 5 rauskommen.
52      Dann würden 5 davon eine Cola trinken.
53  I   Wie kommst du auf die 5?
54  S   Auf die 5?
55      Das ist wieder so, ich würde das wieder auf 8
56      bringen, also mal 10 erweitern.
57      Und dann hätte ich 400 durch 8 und 400 durch 8,
58      das sind 5.
59      Und ich hab' aber, dann muss ich wieder mit 10
60      kürzen, weil ich ja mit 10 erweitert habe und
61      dann wird aus den 50 meine 5.
```

Um 80 % von 40 Personen zu bestimmen (Z. 45ff), teilt Rainer 40 durch 80 % bzw. 0,8 (Z. 49f). Dazu erweitert er den Quotienten 40 : 0,8 durch Multiplikation mit 10 (Z. 56), um einen ganzzahligen Divisor zu bekommen (Z. 55). Schließlich teilt der Schüler 400 durch 8 (Z. 57), dividiert anschließend durch 10 (Z. 60) und erhält das Endergebnis 5 (Z. 61) bzw. 5 Gäste (Z. 52). Dabei bezeichnet er die Division durch 10 als Kürzen und begründet diesen Rechenschritt mit dem vorangegangenen Erweitern (Z. 60).

Beim zweiten Rechenschritt verwendet Rainer weiterhin konsistent seine fehlerhafte Strategie hinsichtlich der mathematischen Operation und der Berechnung eines Quotienten mit Dezimalbruch als Operator. Zum einen beschreibt er *80 % von 40* mit dem Modellansatz 40 : 0,8, zum anderen passt er das Ergebnis von 50 dahingehend an, dass er abschließend durch 10 teilt, da er zuvor mit 10 erweitert hat. Eine Abschätzung des Ergebnisses wie nach dem ersten Rechenschritt, dass z. B. 10 weniger als die Hälfte von 40 sind und 80 % mehr als 50 % darstellt, erfolgt an dieser Stelle nicht explizit.

Der vollständige Lösungsprozess incl. der Begründungen für einzelne Teilprozesse lässt sich in Form des erweiterten Episodenplans darstellen:

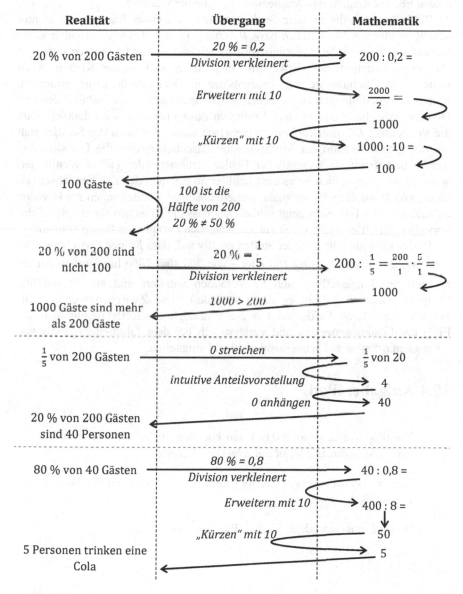

Abbildung 10.5: Rainers erweiterter Episodenplan

Der erweiterte Episodenplan von Rainer verdeutlicht, dass der Aufgabenlösung sehr viele Arbeitsschritte zugrunde liegen und der Schüler oft zwischen den beiden Ebenen Realität und Mathematik hin und her wechselt.

Betrachtet man die mittlere Spalte genauer, verwendet Rainer viele technische Rechenregeln (*0 streichen* bzw. *0 anhängen*), mit denen er offenbar keine Vorstellungen verbindet. Beispielsweise bezeichnet er das Dividieren durch 10 als Kürzen und nach dem Erweitern muss Rainer auch immer Kürzen. Auch wenn es dem Schüler gelingt, Prozentsätze in Dezimalbrüche umzuwandeln, weisen die Vorstellungen zu mathematischen Operationen, und insbesondere zur Division, erhebliche Defizite auf. In diesem Zusammenhang wird deutlich, dass die Vorstellung *Division verkleinert* mehrfach dazu führt, dass der Schüler statt der richtigen Operation der Multiplikation fälschlicherweise die Division verwendet und damit als wesentlicher Fehler verursachender Faktor identifiziert werden kann. Vermutlich ist es dem Schüler im Rahmen der Zahlbereichserweiterung von $\mathbb{N}$ auf $\mathbb{Q}$ nicht gelungen, weitere adäquate Vorstellungen zur Division aufzubauen. Das Interview zeigt schließlich, dass die Ursachen für etwaige Fehlvorstellungen oft in zeitlich weit zurück liegenden Lernphasen liegen können.

Darüber hinaus fällt an zwei Stellen positiv auf, dass Rainer Zwischenergebnisse wie *20 % von 200 sind 100* oder $\frac{1}{5}$ *von 200 sind 1000* hinsichtlich der ursprünglichen Fragestellung und Sachsituation validiert und auf Plausibilität überprüft. Dadurch gelingt es ihm, zumindest diese Zwischenergebnisse als falsch einzuschätzen. Leider zeigt er diese Strategie des Reflektierens nicht am Ende des Lösungsprozesses und verlässt sich bei dem falschen Ergebnis von 5 Personen offenbar auf seine rechnerischen Fähigkeiten.

10.4 Aufgabe: iPod

Ein iPod kostet netto 200 €. Dazu kommen 19 % Mehrwertsteuer. Ein Elektronikmarkt wirbt mit folgender Anzeige:

Mehrwertsteuer geschenkt! Sie bekommen 19 % Rabatt auf den Bruttopreis aller Artikel!

Wie viel muss man dann für den iPod bezahlen?

10.4.1 Einordnung der Aufgabe

Diese in Anlehnung an eine reale Werbeaktion unterschiedlicher Firmen adaptierte Aufgabe wurde im Rahmen der Interview-Studie zu MZP 6 Schülern am Ende der 10. Jahrgangsstufe an Gymnasien vorgelegt. Zur Bearbeitung der Aufgabe war ein Taschenrechner zugelassen.

Aufgrund der komplexen, mehrschrittigen Aufgabenstruktur ist die Aufgabe *iPod* dem Anforderungsniveau (3) zuzuordnen, da der ersten Teilaufgabe zum vermehrten Grundwert ein zweiter Teilschritt folgt, der als Lösung einen verminderten Grundwert beinhaltet. Auch diese Aufgabe kann unterschiedlich gelöst werden.

□ Operator-Strategien

Unter Verwendung des Taschenrechners und Wachstumsfaktoren wird die Aufgabe effizient gelöst.

$$200 \, € \cdot 1{,}19 = 238 \, €$$
$$238 \, € \cdot 0{,}81 = 192{,}78 \, €$$
$$(200 \, € \cdot 1{,}19) \cdot 0{,}01 = 192{,}78 \, €$$

Es werden erst die Prozentwerte bestimmt und dann addiert bzw. subtrahiert.

$$200 \, € \cdot 0{,}19 = 38 \, €$$
$$200 \, € + 38 \, € = 238 \, €$$

$$238 \, € \cdot 0{,}19 = 45{,}22 \, €$$
$$238 \, € + 45{,}22 \, € = 192{,}78 \, €$$

Weitere Alternativen bestehen darin, dass die Prozentsätze statt in Dezimalbrüche in Hundertstel-Brüche umgewandelt werden.

□ Dreisatz-Strategien

Dem Bruttopreis wird der Prozentsatz von 119 % zugeordnet.

$$100 \, \% \triangleq 200 \, €$$
$$1 \, \% \triangleq 2 \, €$$
$$119 \, \% \triangleq 238 \, €$$

Der Aktionspreis entspricht dem zu 100 % − 19 % gehörigen Geldwert.

$$100 \, \% \triangleq 238 \, €$$
$$1 \, \% \triangleq 2{,}38 \, €$$
$$81 \, \% \triangleq 192{,}78 \, €$$

Wie bei den Operator-Strategien kann auch hier zuerst der zu 19 % gehörige Prozentwert und anschließend addiert bzw. subtrahiert werden.

□ Formel-Strategie

Entsprechende Größen und Zahlen werden in die Formeln zur Berechnung des vermehrten bzw. verminderten Grundwerts eingesetzt.

$$G^+ = (1 + p) \cdot G$$
$$G^+ = \left(1 + \frac{19}{100}\right) \cdot 200 \ € = 238 \ €$$

$$G^- = (1 - p) \cdot G$$
$$G^- = \left(1 - \frac{19}{100}\right) \cdot 238 \ € = 192{,}78 \ €$$

Bei der Aufgabe *iPod* sind folgende typische Fehler zu erwarten. Dabei können sich zudem individuelle Anpassungsstrategien anschließen, um eine plausible Lösung zu erhalten.

□ Zuordnungsfehler bei mathematischen Operationen

Der Nettobetrag wird durch 19 dividiert und das Ergebnis als Mehrwertsteuer interpretiert.

$$200 : 19 = 10{,}53$$

Die Zahl 19 wird zu 200 addiert.

$$200 + 19 = 219$$

□ Zuordnungsfehler bei Größen

Der Bruttopreis wird nicht als neuer Grundwert interpretiert.

$$100 \ \% \triangleq 200 \ €$$
$$1 \ \% \triangleq 2 \ €$$
$$119 \ \% \triangleq 238 \ €$$
$$81 \ \% \triangleq 162 \ €$$

Die prozentualen Änderungen werden isoliert ohne Bezug zum Grundwert betrachtet

$$+19 \ \% - 19 \ \% = 0$$
Der Preis ändert sich daher nicht.

Der Prozentsatz 19 % wird mit dem Geldbetrag von 19 € bzw. 0,19 € gleichgesetzt.

$$19 \ \% = 19 \ €$$

$$19 \ \% = 0{,}19 \ €$$

Darüber hinaus weist die Aufgabenstellung eine Besonderheit auf, die sich auf den Werbetext *Mehrwertsteuer geschenkt! Sie bekommen 19 % Rabatt* bezieht. Diese Textpassage enthält insofern eine gewisse Widersprüchlichkeit, als der Betrag der Mehrwertsteuer nicht mit dem Rabattbetrag übereinstimmt. Es ist auch möglich, durch qualitative Überlegungen zu dem Ergebnis zu gelangen, dass der Verkaufspreis geringer als 200 € ist. Obwohl die relativen Änderungsraten von 19 % in beiden Teilschritten gleich sind, sind die entsprechenden Prozentwerte unterschiedlich, da den Teilprozessen andere Grundwerte zugrunde liegen. Demnach ist die effektive Erhöhung geringer als der sich anschließende Rabatt, weil dieser auf der Basis des im Vergleich zur Mehrwertsteuerbestimmung höheren Grundwerts ermittelt wird.

In den beiden folgenden Abschnitten werden zwei Schülerlösungen analysiert, wobei die Aufgabe im ersten Interview richtig und im zweiten falsch gelöst wird.

10.4.2 Maxims Lösung

Maxim löst zunächst die Aufgabe ohne eine Rechnung aufzuschreiben.

```
1 S   Also Netto kostet er ohne Mehrwertsteuer …
2     Muss ich erst die 19 dazurechnen, die 19 %, und
3     dann nochmal 19 abziehen.
4     Jetzt würde ich sagen: 200 €, bleibt es dabei.
5     Weil Netto ist ja, wenn noch keine Steuern drauf
6     sind.
```

Maxim stellt fest, dass der Nettopreis die Mehrwertsteuer nicht enthält (Z. 1). Er übersetzt die Situation der Aufgabe damit, dass er zuerst 19 bzw. 19 % dazurechnet (Z. 2) und anschließend wiederum 19 subtrahiert (Z. 3). Diesen Überlegungen zufolge muss man 200 €, also die Höhe des Nettobetrags, bezahlen (Z. 4ff).

Es fällt auf, dass der Schüler zweimal statt 19 % nur die Zahl 19 nennt, und somit unklar bleibt, ob Maxim darunter einen relativen Anteil oder aber auch absolute Werte versteht. Zudem verwendet Maxim alltagsbezogene Begriffe, die eng mit den mathematischen Operationen des Addierens (*dazurechnen*) und Subtrahierens (*abziehen*) assoziiert sind. Sowohl die Lösung als auch seine Formulierungen lassen eine Rechnung der Form $200 + 19 - 19 = 200$ vermuten, wobei die Rechenzeichen nach charakteristischen Schlüsselworten ausgewählt und zugewiesen werden.

Da Maxim jedoch noch keine Rechnung notiert hat, fordert ihn der Interviewer dazu auf. Der Schüler notiert die in Abbildung 10.6 gezeigte Rechnung und beschreibt bzw. erklärt sein Vorgehen im weiteren Verlauf des Interviews.

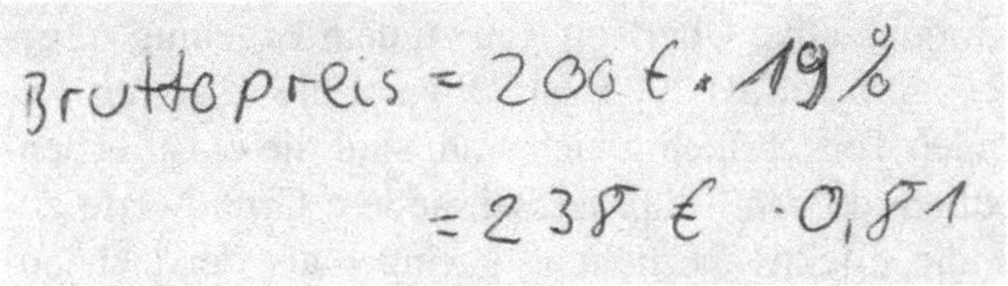

$$Bruttopreis = 200 \, \text{€} \cdot 19\,\%$$
$$= 238 \, \text{€} \cdot 0,81$$

Abbildung 10.6: Maxims Lösung zur Aufgabe iPod

```
 7  S  Also Bruttopreis ist gleich der Netto mal 200 €.
 8     Also nee, der Nettopreis mal die 19 %,
 9     also 200 € mal die 19 %.
10  I  Okay. Und was passiert dann?
11  S  Dann hätte ich den Bruttopreis.
12     Das wären dann 238, oder?
13     Weil von 100 sind ja 19% 19 € und dann für 200
14     38.
15     (5 Sekunden Pause)
16     Und davon dann die 19 % wieder abziehen, also
17     mal 0,18 (Schüler meint offensichtlich 0,81.)
18     Ja, dann hätte ich den normalen Preis.
19     Weil es kostet ja dann nur noch die nicht mehr
20     ganzen, vollen 100 %, sondern nur noch die 81 %.
21     238 mal 0,81, 192,78 €.
22     Das wäre dann der?
23     (4 Sekunden Pause)
24  I  Kann das sein?
25  S  Jetzt tippe ich noch mal die 200 mal 1,19, das
26     sind 238, wie wir gesagt haben.
27     Und dann mal die 0,81.
28     Ist dann 7,22 € billiger als die 200 €.
29  I  Kann das sein?
30  S  Ja. Weil das hier dann größer ist als die 200,
31     die 238 sind ja mehr als 200 €. Und deswegen
32     kommen wir dann auf einen anderen Wert.
```

Maxim stellt die Gleichung *Bruttopreis* = 200 € · 19 % auf (Z. 8f). Das Ergebnis von 238 € (Z. 12) erklärt er damit, dass 19 % von 100 € 19 € und deshalb 19 % von 200 38 sind (Z. 13f).

Um die 19 % abzuziehen (Z. 16), multipliziert der Schüler das Zwischener-gebnis mit 0,81 (Z. 17ff), da die Ware nicht mehr den Gesamtpreis, sondern nur noch 81 % des Bruttopreises kostet (Z. 19f). Er erhält schließlich das Ergebnis von 192,78 € (Z. 21) und überprüft dieses mit dem Term $(200 \, € \cdot 1,19) \cdot 0,81$ (Z. 25ff). Damit bestätigt er die oben ermittelte Lösung und stellt weiterhin fest, dass der iPod um 7,22 € billiger als der Nettopreis ist (Z. 28).

Zum Schluss begründet der Schüler das von seinem ersten Lösungsversuch abweichende Ergebnis, wobei er erkennt, dass sich die Prozentsätze in den bei-den Teilschritten auf unterschiedliche Grundwerte beziehen und der Grundwert zur Berechnung des Rabattes mit 238 € größer als 200 € ist (Z. 30ff).

Bei dem Versuch, seine Überlegungen in Form von Termen zu beschreiben, wird vor allem in Abbildung 10.6 deutlich, dass der Schüler dem Produkt $200 \cdot 19 \, \%$ fälschlicherweise den Bruttopreis zuordnet. Offenbar meint Maxim statt des Produkts die Summe aus 200 und $200 \cdot 19 \, \%$, kann dies aber nicht in entspre-chender mathematischer Schreibweise notieren.

Den Mehrwertsteuerbetrag ermittelt der Schüler schließlich nicht über die Berechnung des Produkts, sondern mithilfe der von-Hundert-Vorstellung und proportionaler Überlegungen. Da 19 % von 100 € dem Geldbetrag von 19 € entsprechen, gehört – bei gleichem Prozentsatz – zum doppelten Grundwert (200 €) auch der doppelte Prozentwert $(2 \cdot 19 \, € = 38 \, €)$. Dieses Zwischener-gebnis interpretiert er offensichtlich nicht als Bruttopreis, sondern addiert diesen zum Grundwert und erhält den vermehrten Grundwert von 238 €.

Zur Bestimmung des Verkaufspreises subtrahiert Maxim zunächst den Rabatt-anteil von 19 % von 100 %. Damit ordnet er also dem Aktionspreis als vermin-dertem Grundwert den Prozentsatz von 81 % in richtiger Weise zu und ermittelt nach Umwandlung des Prozentsatzes in einen Dezimalbruch das Ergebnis von $238 \cdot 0,81$ mithilfe des Taschenrechners. Dabei fällt auf, dass der Schüler in seinen Aufzeichnungen das Gleichheitszeichen falsch verwendet und die Term-werte in der oberen und unteren Zeile von Abbildung 10.6 nicht gleich sind.

Nach der Berechnung des Ergebnisses von 192,78 €, das im Widerspruch zu seinem ersten Lösungsansatz mit 200 € als Ergebnis steht, beginnt Maxim über diese Lösung nachzudenken. Auf die Nachfrage, ob dieser Wert sein könne, beginnt der Schüler mit einer alternativen Lösungsstrategie. Mithilfe der Wachs-tumsfaktoren 1,19 und 0,81 bezogen auf den ursprünglichen Grundwert von 200 bestätigt der Schüler das zuvor berechnete Ergebnis und stellt fest, dass der Ver-kaufspreis geringer als der Nettopreis von 200 € ist.

Maxim verwirft nicht nur seine erste Lösung, es gelingt ihm schließlich auch in Grundzügen, diesen Sachverhalt zu erklären. Mit den Worten *die 238 sind ja mehr als 200 €* (Z. 31) bringt er zum Ausdruck, dass es sich bei den Teilschritten um zwei unterschiedliche Grundwerte handelt und sich deshalb bei gleichem Prozentsatz unterschiedliche Prozentwerte ergeben.

10.4.3 Lenas Lösungsversuche

Die Schülerin **Lena** nähert sich der Aufgabenstellung folgendermaßen und notiert den in Abbildung 10.7 dargestellten Modellansatz.

```
 1 S  Man hat 200 € und das ist der Nettopreis.
 2    Und der Bruttopreis ist sagen wir einmal x, weil
 3    den weiß man ja nicht.
 4    Dann haben wir x gleich …
 5    Ach nee, 200 € gleich x,
 6    mal diese 19 Mehrwertsteuer.
 7 I  Wie kommst du jetzt auf die Gleichung?
 8 S  Ja, weil …
 9    (7 Sekunden Pause)
10    Weil da steht ja …
11    Also 200 ist ja der Nettopreis, da sind ja die
12    19 % schon inbegriffen.
```

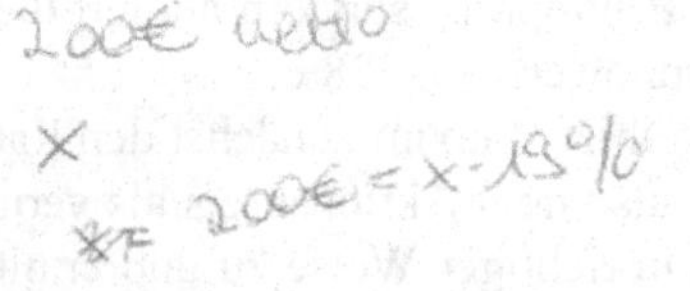

Abbildung 10.7: Lenas Ausgangsgleichung

Lena identifiziert den Geldbetrag von 200 € als Nettopreis (Z. 1) und bezeichnet den unbekannten Bruttopreis mit x (Z. 2f) Damit erstellt sie die Gleichung 200 € = $x \cdot 19\,\%$ (Z. 5f) und erklärt diese damit, dass im Nettopreis die Mehrwertsteuer schon enthalten ist (Z. 11f).

Die Schülerin versucht, die gegebene Situation mit einer mathematischen Gleichung zu beschreiben, wobei sie den Betrag von 200 € als Preis inklusive Mehrwertsteuer versteht. Da dieser den unbekannten Betrag und die Mehrwertsteuer enthält, werden die 200 € mit dem Produkt aus x und 19 % gleichgesetzt. Eine explizite Erklärung für die Wahl der Rechenoperation erfolgt an dieser Stelle nicht.

Die Schülerin fährt im Interview direkt fort.

```
13 S  Ach nein, ach da, ah. Ach zu dem Nettopreis
14    kommen die 19 % dazu.
15    (4 Sekunden Pause)
16 I  Sag einmal dazu, was du da aufschreibst jetzt.
17    Also 200 € mal 19 % ist gleich x.
18 S  Ja. x ist dann - das bringt mich schon ganz
19    durcheinander.
20    (7 Sekunden Pause)
21 I  Sag mir einmal, warum du mal rechnest?
22 S  Ach plus.
23 I  Dann sag mir, warum du plus rechnest.
24 S  Ja, weil zu den 200 € kommt ja die Mehrwertsteu-
25    er dazu. Deshalb plus und nicht mal oder geteilt
26    oder minus.
27    Dann rechne ich jetzt mal aus, die 200 € plus
28    die 19 % Mehrwertsteuer.
29 I  Sag bitte dazu, was du eintippst.
```
30 S Jetzt habe ich 200 € plus $\frac{19}{100}$, weil $\frac{19}{100}$ …
```
31    Weil wenn man jetzt Prozent hat, wird das ja im-
32    mer Hundertstel, damit man es halt …
33 I  Damit man …?
```
34 S Ja 1 % sind $\frac{1}{100}$. Das ist immer so, ganz einfach.
```
35    Gut, da kommt jetzt 200,19 € raus. Okay. Und das
36    ist jetzt der Preis, wie er kosten würde.
```

Die Schülerin korrigiert sich selbst hinsichtlich der Begriffe brutto bzw. netto (Z. 13f) und ändert ihre Gleichung in 200 € · 19 % = x (Z. 17). Auf die Frage, warum sie 200 € mit 19 % multipliziert (Z. 21), ändert sie die Grundrechenart zugunsten der Addition (Z. 22). Zur Begründung führt Lena an, dass die Mehrwertsteuer zum Nettobetrag dazukommt und deshalb addiert werden muss (Z. 24ff).

Die Schülerin berechnet mithilfe des Taschenrechners (Z. 29) den Term 200 + 19 %, wobei sie den Prozentsatz in einen Hundertstel-Bruch umwandelt (Z. 30), da sie 1 % mit dem Bruch $\frac{1}{100}$ gleichsetzt (Z. 34). Schließlich erhält Lena einen Bruttopreis von 200,19 € (Z. 35f).

Zu Beginn dieses Abschnittes stellt die Schülerin ihren Fehler in Bezug auf Brutto- und Nettopreis richtig und ändert daher ihre zuvor erstellte Gleichung in 200 € · 19 % = x. Der Nettobetrag von 200 € zusammen mit den Mehrwertsteuer von 19 %, übersetzt in Form eines Produkts, ergibt den Bruttobetrag x.

Da die Schülerin die Multiplikation nicht eigens begründet, fragt der Interviewer gezielt nach. Lena ändert daraufhin – ohne eine Begründung für die Multiplikation zu nennen – sofort das Rechenzeichen, indem sie aus dem Produkt eine Summe macht. Sie begründet ihren Schritt damit, dass die Mehrwertsteuer *dazukommt* und sie mit diesem Wortlaut offenbar eine Addition verbindet und die restlichen Grundrechenarten ausschließt. Diese Vorstellung entspricht im Wesentlichen auch der zugrunde liegenden Sachsituation, da der Betrag der Mehrwertsteuer zum Nettobetrag addiert wird. Auch wenn die Schülerin mit ihren Ausführungen vielleicht den Bruttobetrag als *200 + 19 % von 200* auffasst, kann sie diesen Gedankengang nicht in entsprechende mathematische Symbole und Formeln umsetzen. Statt des Anteils der Mehrwertsteuer in Form eins Geldbetrags addiert sie die dimensionslose Zahl 19 % zum Grundwert und berechnet 200 + 19 % mithilfe des Taschenrechners. Dazu interpretiert Lena den Prozentsatz von 19 % als Bruch mit dem Nenner 100, da sie offenbar gelernt hat, dass $1 \% \frac{1}{100}$ bedeutet.

Schließlich addiert sie die Zahlenwerte 200 und $\frac{19}{100}$ mithilfe des Taschenrechners und interpretiert die Summe als Bruttobetrag, indem sie der Zahl 200,19 die Einheit € hinzufügt. Der Schülerin ist möglicherweise nicht bewusst, dass sie unzulässigerweise die Summe zweier Größen unterschiedlicher Größenbereiche bestimmt.

Im Anschluss an den ersten Teilschritt fährt die Schülerin zur Bestimmung des Verkaufspreises wie folgt fort.

```
37  S  Und jetzt, Mehrwertsteuer geschenkt.
38     Sie bekommen 19 % auf den Bruttopreis aller Ar-
39     tikel. Das ist ja der Bruttopreis.
40     Ja einfach 200 € kostet er dann.
41  I  Warum?
42  S  Ach so, okay. Also man müsste eigentlich 200 €
43     plus die 19 % Mehrwertsteuer zahlen.
44     Aber der Anbieter sagt: Der Bruttopreis, also
45     200 € plus 19 %, da lassen wir jetzt einfach die
46     19 % weg.
47     Das heißt es sind 200 €, die man zahlt.
48  I  Okay. Also du musst jetzt die 19 % von diesem
49     Bruttopreis wegrechnen.
50     Wie musst du das machen?
51  S  Ja minus wieder.
52     200,19 € minus 19 %, kommt 200 € heraus.
53     (siehe Abbildung 10.8)
```

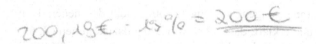

Abbildung 10.8: Lenas Subtraktion von 19 %

Zunächst wiederholt die Schülerin den zweiten Teil der Aufgabenstellung (Z. 37ff) und nennt anschließend das Ergebnis von 200 € (Z. 40). Lena begründet diesen Rechenschritt damit, dass jetzt die 19 % weggelassen (Z. 46) und deshalb die 19 % subtrahiert (Z. 48f und 51) werden. Wie in Abbildung 10.8 dargestellt, notiert sie dazu die Rechnung 200,19 € − 19 % = 200 € (Z. 52).

Die Schülerin übersetzt den Rabattvorgang mit der Differenz aus 200,19 und 19 %. Offensichtlich aktiviert die Schülerin die bereits aus der Grundschulzeit bekannte Grundvorstellung zur Subtraktion des *Wegnehmens* und führt ihren Fehler aus dem ersten Teilschritt konsistent fort.

Nach den Ausführungen der Schülerin geht der Interviewer auf das Zwischenergebnis ein und konfrontiert sie mit folgendem Sachverhalt:

```
54  I   Okay. Du sagst also die 19 % sind 19 Cent.
55  S   Ja. Aber das kann ja gar nicht, das geht ja gar
56      nicht.
57  I   Warum geht das gar nicht?
58  S   Ja das ist ja viel zu niedrig. 19 % von 200 €
59      sind ja nicht nur 19 Cent, das ist ja mehr.
60      Ach so, ja ich bin ja blöd. Entschuldigung. Oh
61      Gott. 19 % von 200 €.
62      (Schülerin notiert 19 % · 200 € = x.)
63  I   Und wieso machst du jetzt mal?
64  S   Von! 19 % von den 200 € kommen noch dazu.
65  I   Und woher weißt du, dass du jetzt mal rechnen
66      musst.
67  S   Weil von immer mal ist.
68  I   Ist das immer so?
69  S   Ja.
70  S   Jetzt gebe ich dann 19/100 ein, mal diese 200,
71      kommen 38 raus.
72      Dann haben wir 38 €, ist die Mehrwertsteuer.
73      Und jetzt rechne ich 200 € plus die Mehrwert-
74      steuer gleich ... kommen 238 € raus.
75      Also 238 € ist der Bruttopreis.
```

Die Schülerin stellt fest, dass 19 % des Nettobetrags nicht 19 Cent sein können (Z. 54f), da dieser Geldbetrag viel zu niedrig ist und mehr sein müsste (Z. 58f).

Lena revidiert ihre vorangegangene Lösung (Z. 60f), stellt den neuen Term 19 % · 200 € auf (Z. 62) und erklärt, dass 19 % von 200 € dazukommen (Z. 64). Das Malzeichen begründet sie mit dem Hinweis, dass *von* immer eine Multiplikation bedeutet (Z. 67ff).

Unter Zuhilfenahme des Taschenrechners ermittelt die Schülerin den Wert des Produktes aus $\frac{19}{100}$ und 200 (Z. 70) und interpretiert das Ergebnis von 38 € als die Mehrwertsteuer (Z. 72). Diese addiert sie zu 200 € (Z. 73f) und erhält den Bruttopreis von 238 € (Z. 75).

Die Feststellung des Interviewers veranlasst die Schülerin, ihr Zwischenergebnis zu validieren. Sie erkennt, dass 19 % nicht 19 Cent entsprechen und begründet dies mit der Einschätzung, dass 19 % von 200 € deutlich mehr als 19 Cent sein müssen. Auch wenn sie ihr Schätzverfahren und entsprechende Vergleichswerte nicht näher beschreibt, hat dies die Revision ihres Lösungsweges zur Folge.

Lena erinnert sich an eine offenbar gelernte Regel aus dem Mathematikunterricht, die besagt, dass das Wort *von* die Rechenoperation *mal* bedeutet. Mithilfe dieser Alternativstrategie und dem Anwenden einer gelernten Regel beginnt sie erneut, die Aufgabe zu lösen. Die Schülerin wandelt wiederum den Prozentsatz selbstständig, also ohne die Prozenttaste des Taschenrechner zu nutzen, in einen Hundertstel-Bruch um und erhält für das Produkt $\frac{19}{100}$ · 200 den Wert 38. Diesen interpretiert sie im Hinblick auf die Realsituation richtigerweise als den Geldbetrag der Mehrwertsteuer. Sie bestimmt offenbar unter Verwendung der Grundvorstellung des *Hinzufügens* den Bruttopreis mittels Addition und erhält einen Bruttobetrag von 238 €. Damit gelingt es der Schülerin mithilfe einer gelernten Regel und der Aktivierung einer adäquaten Grundvorstellung zur Addition sowohl den Mehrwertsteuer- als auch den Bruttobetrag richtig zu bestimmen.

Für den zweiten Teilschritt der Rabattierung schlägt die Schülerin folgendes Vorgehen vor und schreibt die Rechnung in Abbildung 10.9 auf.

```
76  S   Aber da er ja sagt „19% lass ich jetzt weg",
77      muss derjenige nur 200 € zahlen.
78  I   Okay, wie kann man das ausrechnen?
79  S   238 € Netto …, nee Bruttopreis minus die 19 %.
80      (3 Sekunden Pause)
81      Nein, geteilt durch.
82      (S beginnt, am Taschenrechner zu tippen.)
83  I   Was tippst du ein?
84  S   Den Bruttopreis 238 € geteilt durch 19/100, also
85      praktisch die 19 %.
```

```
86        (5 Sekunden Pause)
87        Hä? Nee, minus.
88    I   Warum hast du jetzt gedacht, dass du geteilt
89        rechnen musst?
90    S   Ja das weiß ich jetzt auch nicht.
91    I   Oder minus?
92    S   Ja, minus. Ja und da kommt diese 200 … Hä?
93        Ja einfach minus 38 €. Aber das habe ich ja
94        schon ausgerechnet.
95        Also ich sag jetzt noch mal …
96        Der Nettopreis ist 200 € und davon, von den
97        200 € die Mehrwertsteuer beträgt 38 €. Wenn man
98        die 200 € plus 38 € zusammenfasst, hat man den
99        Bruttopreis, und der beträgt 238 €.
100       Und lässt man die 19 % weg, die 19 % sind ja
101       38 €, dann hat man, 200 € ist der Preis, den der
102       Bieter anbietet.
```

Abbildung 10.9: Lenas Rechnung zum Teilschritt der Rabattierung

Ohne zu rechnen nennt die Schülerin die Lösung von 200 € und begründet dies mit dem Weglassen der 19 % (Z. 76f). Auf die Nachfrage, wie man das ausrechnen kann (Z. 78), schlägt die Schülerin zuerst 238 € − 19 % (Z. 79) und dann 238 € : $\frac{19}{100}$ (Z. 84) vor. Nachdem sie offenbar die Ergebnisse auf dem Display des Taschenrechners abliest, akzeptiert sie beide Ergebnisse nicht als Lösung der Aufgaben (Z. 81, 87). Außerdem kann Lena keine Begründung für die Wahl der Rechenoperation der Division geben (Z. 90).

Schließlich subtrahiert die Schülerin 38 € vom Bruttobetrag (Z. 93ff) und erklärt ihr Vorgehen damit, dass 19 % bei dieser Aufgabe 38 € entsprechen und diese beim Rabatt weggelassen werden (Z. 100f).

Zuerst modelliert Lena den Rabattvorgang mit einer Subtraktion analog zu ihrem ersten Lösungsversuch, da die Mehrwertsteuer weggelassen wird. Nach der Berechnung des Terms 238 − $\frac{19}{100}$ bricht sie jedoch ab, da sie vermutlich ein nicht erwartetes und damit in ihren Augen unmögliches Ergebnis erhalten hat. Stattdessen startet die Schülerin einen neuen Lösungsversuch, indem sie den Quotienten 238 : $\frac{19}{100}$ mithilfe des Taschenrechners ermittelt. Offensichtlich irritiert sie auch dieses auf dem Taschenrechner angezeigte Ergebnis, sodass sie die Division wiederum in Frage stellt. Wie bereits an einem anderen Beispiel gezeigt werden konnte, liegt dieser Fehlstrategie offenbar die Fehlvorstellung *Division verkleinert* zugrunde.

Um letztlich trotzdem ein plausibles Ergebnis zu erhalten, weicht die Schülerin weiteren Berechnungen aus, indem sie vielmehr qualitativ argumentiert. Sie setzt auch für den zweiten Teilschritt fest, dass die 19 % Mehrwertsteuer dem in der ersten Teilaufgabe bestimmten Geldbetrag von 38 € entspricht und wendet anschließend die Operation des Subtrahierens im Sinne von *Wegnehmen* an. Dabei berücksichtigt die Schülerin jedoch nicht, dass sich der Anteil von 19 % in den beiden Teilschritten auf unterschiedliche Grundwerte bezieht.

Der vollständige Lösungsprozess ist im Folgenden in Abbildung 10.10 in Form des erweiterten Episodenplans dargestellt.

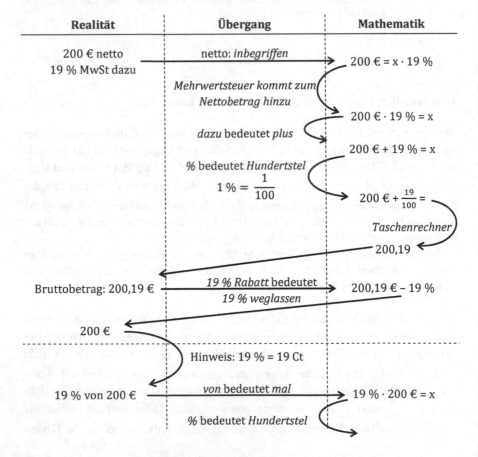

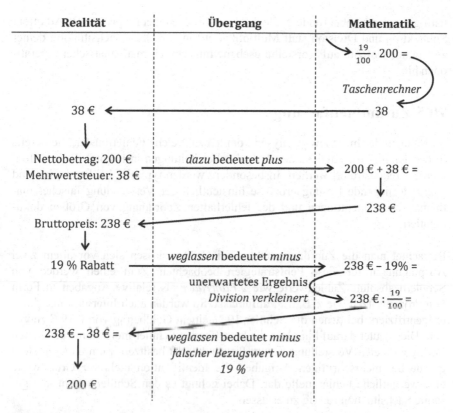

Realität	**Übergang**	**Mathematik**

$$\frac{19}{100} \cdot 200 =$$

Taschenrechner

38 € ⟵ 38

Nettobetrag: 200 €   *dazu* bedeutet *plus*
Mehrwertsteuer: 38 €   200 € + 38 € =

238 €

Bruttopreis: 238 € ⟵

19 % Rabatt   *weglassen* bedeutet *minus*   238 € – 19% =

unerwartetes Ergebnis,
Division verkleinert   238 € : $\frac{19}{100}$ =

238 € – 38 € = ⟵   *weglassen* bedeutet *minus*
                                       falscher Bezugswert von
                                                  19 %

200 €

Abbildung 10.10: Lenas erweiterter Episodenplan

Diese übersichtliche Zusammenstellung von Lenas Lösung zur Aufgabe iPod zeigt, dass die Schülerin deutlich mehr Arbeits- und Rechenschritte durchläuft, als im Rahmen einer normativen Aufgabenanalyse mit möglichen Schülerlösungen zu erwarten sind.

In ähnlicher Weise dokumentiert der erweiterte Episodenplan viele Übersetzungsprozesse zwischen den Ebenen der Realität und Mathematik. Durch reproduziertes Wissen wie 1 % = $\frac{1}{100}$ und auswendig gelernte Regeln wie z. B. *Das Wort ,von' wird mit mal übersetzt* gelingt es der Schülerin nur punktuell, entsprechende Teilschritte richtig zu lösen. Bei der näheren Betrachtung der mittleren Spalte der Übergänge fällt auf, dass die Schülerin vor allem Vorstellungen zu den Grundrechenarten besitzt, die auf einer anschaulichen Stufe auf Grundschulniveau stehen geblieben sind. So assoziiert die Schülerin beispielsweise mit dem Verringern einer Menge die Operationen der Subtraktion oder Division. Der häufige und oft unbegründete Wechsel von Rechenoperationen (z. B. Addition, Subtraktion und Division statt Multiplikation) in derselben Sachsituation deutet zudem auf Defizite auf Vorstellungsebene hinsichtlich mathematischer Operationen hin.

10.5 Zusammenfassung

Im Rahmen der Interview-Analysen konnten zahlreiche Fehlermuster, die bereits in der detaillierten Analyse der Aufgabenbearbeitungen in Kapitel 9 festgestellt wurden, rekonstruiert werden. Insbesondere werden typische Fehlstrategien und zugrunde liegende Lösungsprozesse hinsichtlich der Verwendung falscher mathematischer Operationen und der fehlerhaften Zuordnung von Größen dokumentiert.

Betrachtet man die Zuordnungsfehler bei Größen, lassen sich vor allem zwei Ausprägungen für diese Fehlstrategien beobachten. Zum einen werden von Schülern absolute Zahlenwerte wie *2 Fahrräder* als relative Angaben in Form von Prozentsätzen wie z. B. *2 %* aufgefasst. So wurden auch Interviewausschnitte identifiziert, bei denen die Schüler 19 % einem Geldbetrag von 0,19 € zuordnen. Dies deutet darauf hin, dass die betreffenden Schüler meist keine adäquaten bzw. geordneten Vorstellungen zum Prozentbegriff besitzen. Zum anderen stellt gerade bei mehrschrittigen Aufgaben die Identifikation mehrerer Grundwerte eine wesentliche Fehlerquelle dar. Dabei gelingt es den Schülern nicht, die gesamte Sachsituation richtig zu erfassen.

Zuordnungsfehler bei mathematischen Operationen äußern sich in der Wahl falscher Rechenoperationen zur Beschreibung der zugrunde liegenden Realsituation auf der Ebene der Mathematik. Statt multiplikativer Strukturen werden häufig von Schülern Rechenterme basierend auf einer Division, Addition oder Subtraktion präferiert.
   Die Analyse entsprechender Interviews hat gezeigt, dass vor allem unvollständig ausgebildete und auf einer frühen Entwicklungsstufe stehen gebliebene, aber dennoch dominante Grundvorstellungen wie z. B. *Subtraktion und Division verkleinert* als wesentliche Fehler verursachende Faktoren identifiziert werden konnten. Offenbar werden die Vorstellungen, die bereits in den Jahrgangsstufen 1 bis 5 innerhalb der natürlichen Zahlen etabliert wurden, auch auf den Zahlenbereich der rationalen Zahlen übertragen. Auch wenn es den Schülern teilweise gelingt, Prozentsätze in Dezimalbrüche oder gemeine Brüche umzuwandeln, weisen die Vorstellungen zu mathematischen Operationen, und insbesondere der

Division, erhebliche Defizite und Beschränkungen auf. So ist es etwa im Rahmen der Zahlbereichserweiterung nicht gelungen, die mit der Division verbundenen Vorstellungen an die neuen mathematischen Inhalte anzupassen und zu erweitern.

Im Sinne der conceptual-change-Theorie bleiben also die mentalen Strukturen auf einer naiv-intuitiven Stufe stehen und konnten nicht um aus Sicht der Fachwissenschaft erwünschte Vorstellungen weiterentwickelt werden.

Offenbar können die Ursachen für etwaige Fehlvorstellungen häufig in zeitlich weit zurück liegenden Lernphasen liegen. Individuelle Vorstellungen, die von Seiten der Schüler als besonders erfolgreich wahrgenommen werden, manifestieren sich in dominanten und über einen längeren Zeitraum sehr stabilen Komponenten mentaler Strukturen und können dadurch das Erlernen neuer und kumulativer Inhalte negativ beeinflussen.

Eine weitere Fehlerquelle stellt die Anwendung unverstandener Regeln und mathematischer Formeln dar. Einerseits werden gelernte Formeln eingesetzt, ohne zu überprüfen, ob bzw. inwieweit die Formeln überhaupt zur Beschreibung der Sachsituation geeignet sind. Andererseits werden Regeln wie ‚von' heißt mal unsachgemäß verallgemeinert und in Realsituationen verwendet, in der diese Regel keine Gültigkeit besitzt.

Ebenso sind bei Schülern individuelle Anpassungsstrategien zu beobachten, die dazu benutzt werden, um unrealistische Ergebnisse in plausibel erscheinende Lösungen zu verwandeln. So wird beispielsweise der Zahl 2 eine Null angehängt, um den Prozentsatz von 20 % zu erhalten, da dieser offenbar als glaubhaft und plausibel eingeschätzt wird.

Dieser unreflektierte Umgang mit Rechenformeln und -regeln geht vermutlich mit fehlenden adäquaten Vorstellungen zur Prozentrechnung und zu entsprechenden mathematischen Methoden einher.

11 Resümee und Ausblick

Hauptziel der vorliegenden Arbeit war es, Schülerleistungen in den Inhaltsbereichen *Proportionalität* und *Prozentrechnung* im Laufe der Sekundarstufe I zu erfassen und zu analysieren. Dazu wurden zunächst die Einbettung der Arbeit in das Forschungsprojekt PALMA, die Bedeutung der mathematischen Kompetenz des Modellierens im Rahmen eines allgemeinbildenden Mathematikunterrichts und die damit zusammenhängende Rolle mentaler Modelle beschrieben.

In alltagsrelevanten Frage- und Problemstellungen nehmen bei Übersetzungsprozessen zwischen Mathematik und Realität insbesondere mathematische Grundvorstellungen einen wichtigen Stellenwert ein. Deshalb wurde das Grundvorstellungskonzept unter Berücksichtigung stoffdidaktischer Analysen für die Lehrplaninhalte Proportionalität und Prozentrechnung konkretisiert. Aus bisherigen Untersuchungen zu diesen Inhaltsbereichen wurde besonderes Forschungsinteresse abgeleitet, das sich auf die drei Bereiche

- Leistungsentwicklung von der 5. bis zur 10. Klasse,
- Bearbeitung typischer Aufgaben zur Prozentrechnung und
- Analyse individueller Lösungsprozesse und Grundvorstellungen

bezieht.

Anschließend wurden Anlage und Methodik der Untersuchung beschrieben, wobei zur quantitativen Erfassung der Schülerleistungen das dichotome Raschmodell auf die PALMA-Subskala *Proportionalität und Prozentrechnung* angewendet und im Rahmen der qualitativen Erhebung halbstandardisierte Interviews durchgeführt wurden.

Im Folgenden werden die eingangs gestellten Forschungsfragen zusammenfassend beantwortet.

Wie verläuft die Leistungsentwicklung von der 5. bis zur 10. Klasse bezogen auf mathematische Kompetenzen in den Bereichen Proportionalität und Prozentrechnung?
Inwieweit sind Gemeinsamkeiten und Unterschiede bei der Entwicklung in den einzelnen Schulformen festzustellen?

Die Leistungsentwicklung der Gesamtstichprobe innerhalb der Subskala Proportionalität und Prozentrechnung verläuft über die Sekundarstufe I hinweg mehrheitlich positiv, d. h. die mittleren Fähigkeiten von Messzeitpunkt zu Messzeitpunkt bzw. zwischen den Jahrgangsstufen nehmen durchgehend zu. Diese kontinuierlichen Lernzuwächse sind sowohl bei der Haupt- als auch bei der Realschule zu beobachten. Nur am Gymnasium folgt einem vergleichsweise hohen Leistungszuwachs von MZP 1 zu MZP 2 eine Phase der Stagnation, in der der Leistungsmittelwert von MZP 3 unter das Niveau des Vorjahres fällt. Zum einen befindet sich dieser Rückgang auf vergleichsweise hohem Niveau und zum anderen weisen auch die Schüler des Gymnasiums ab MZP 3 wieder positive Entwicklungsverläufe bis zum Ende der 10. Klasse auf. Vergleicht man zu jedem Messzeitpunkt die mittleren Leistungen der drei Schulformen untereinander, so ist erwartungsgemäß eine absteigende Reihenfolge vom Gymnasium über die Real- bis zur Hauptschule festzustellen (siehe Abbildung 11.1).

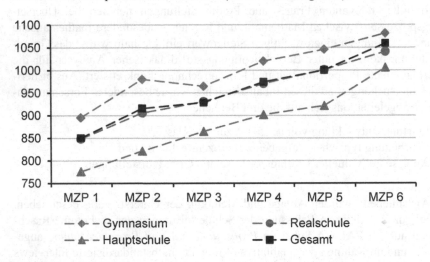

Abbildung 11.1: Kompetenzentwicklung der Längsschnittstichprobe

Bezogen auf die Effektstärke ist eine sehr unterschiedliche Entwicklung der Lernzuwächse zwischen den Schulformen und zwischen den Erhebungen zu beobachten. Die Effektstärken variieren vor allem zu Beginn der Sekundarstufe I, gegen Ende der Pflichtschulzeit zeigen sich dagegen in allen drei Schulformen vergleichbare Zuwachsraten.

Die Analysen zur Leistungsstreuung zeigen, dass es vor allem zwischen Gymnasium und Realschule beachtenswerte Leistungsüberschneidungen gibt. Eine Detailbetrachtung der Realschüler verdeutlicht unter anderem, dass die Schüler der Wahlpflichtfächergruppe I (mit den Schwerpunktfächern Mathematik, Physik und Chemie) Leistungen auf dem Niveau des Gymnasiums zeigen. Die Realschüler mit nicht mathematisch-naturwissenschaftlichen Profilen weisen hingegen signifikant niedrigere Leistungswerte als ihre Mitschüler auf.

Was lässt sich über Leistungsmerkmale von Schulklassen aussagen?

Die Fähigkeitswerte der Subskala Proportionalität und Prozentrechnung werden hinsichtlich Schulklassen ausgewertet und sowohl Leistungsmittelwerte als auch -streuungen aller Klassenverbände zu den einzelnen Messzeitpunkten gegenübergestellt und verglichen. Dabei zeigt sich, dass es deutliche Überschneidungen zwischen Gymnasial-, Realschul- und Hauptschulklassen gibt und sich in allen drei Schulformen Klassen mit vergleichbaren Leistungsdaten (Mittelwert und Standardabweichung) finden lassen.

Die Analysen zeigen weiterhin, dass es in allen Schulformen bzgl. der untersuchten Inhalte Proportionalität und Prozentrechnung trotz äußerer Differenzierung kaum leistungshomogene Klassen gibt und innerhalb einer Schulklasse meistens ein breites Leistungsspektrum bei den Schülern zu verzeichnen ist.

Im Rahmen der Analysen zur Bearbeitung typischer Aufgabenstellungen werden in den globalen Ergebnissen ebenfalls die Klassenleistungen ausgewertet. Diese bestätigen vor allem, dass es in allen drei Schulformen leistungsstarke und -schwache Schulklassen gibt. Beispielsweise können Hauptschulklassen identifiziert werden, deren mittlere Lösungshäufigkeiten deutlich über dem Durchschnitt von Gymnasium oder Realschule liegen. In ähnlicher Form gibt es Gymnasialklassen, die verglichen mit Haupt- und Realschulklassen wesentlich schwächere Leistungen zeigen.

Diese Daten bestätigen bisherige Befunde der PALMA-Studie hinsichtlich einer ausgeprägten Heterogenität über alle Schulformen, Leistungen und Kompetenzen hinweg und unterstreichen die Kritik an der Durchlässigkeit innerhalb des dreigliedrigen Schulsystems (vgl. vom Hofe, Hafner, Blum & Pekrun, 2009).

Welche Kompetenzen und Kompetenzdefizite zeigen sich in der Bearbeitung typischer Aufgaben zur Prozentrechnung?

Anhand typischer Problemstellungen werden Bearbeitungen und Lösungen von Schülern zu MZP 3 untersucht, wobei je eine Grundaufgabe der Prozentrechnung berücksichtigt wird (siehe Tabelle 11.1).

Auffallend gering ist mit ca. 55 % die Bearbeitungsquote der Aufgaben *Aktion Mensch* und *Frau Fuchs* bei Hauptschülern. Die Bearbeitungsquoten der untersuchten Aufgaben bei Lernenden der Realschule und des Gymnasiums fallen mit Werten von 74,3 % bis 79,8 % deutlich höher aus.

Die Aufgabenbearbeitung hängt offenbar von der Schulform ab, da die Bearbeitungsquoten vor allem in der Hauptschule deutlich niedriger als an Gymnasium und Realschule sind. Darüber hinaus haben auch die in der Aufgabenstellung gegebenen Zahlen Einfluss auf die Aufgabenbearbeitung. Dies zeigt sich in den

vergleichsweise hohen Bearbeitungsquoten von Aufgabe *Erbsen*, der einfache
Zahlen bzw. Zahlenverhältnisse zugrunde liegen.

	Aufgabenbearbeitungen			erfolgreiche Lösungen		
	Aktion Mensch	Frau Fuchs	Erbsen	Aktion Mensch	Frau Fuchs	Erbsen
GY	74,3%	75,8%	86,2%	26,8%	46,7%	45,0%
RS	79,8%	79,6%	83,2%	37,0%	49,4%	45,7%
HS	54,9%	56,8%	72,3%	15,3%	25,9%	22,3%

Tabelle 11.1: Aufgaben zur Prozentrechnung im Vergleich

Die erfolgreiche Bearbeitung der drei Items unterscheidet sich erheblich je nach
Grundaufgabe und Schulform. Die Aufgabe *Aktion Mensch* vom Grundtyp 1
Prozentwert gesucht wird von 26,6 % aller Schüler richtig gelöst. Im Vergleich
zu den prozentualen Lösungshäufigkeiten der Aufgaben *Frau Fuchs* (41,4 %,
2. Grundaufgabe) und *Erbsen* (38,1 %, 3. Grundaufgabe) lässt sich die geringe
Lösungshäufigkeit teilweise auf die hohe Anzahl an Rechenfehlern zurückführen.

Im Vergleich der Schulformen schneidet die Realschule bei allen drei Aufgaben mit Lösungsquoten von 37,0 % (*Aktion Mensch*), 49,4 % (*Frau Fuchs*) und
45,7 % (*Erbsen*) im Durchschnitt am besten ab. Während Schüler des Gymnasiums vor allem bei der ersten Grundaufgabe schwächere Leistungen zeigen, weist
die Hauptschule erwartungsgemäß bei allen drei Aufgaben die niedrigsten Lösungshäufigkeiten auf.

*Welche Strategien verwenden Schüler zum Lösen dieser Aufgabenstellungen und
wie erfolgreich sind diese?*

In der Regel werden Dreisatz-Strategien am häufigsten und Operator-Strategien
am zweithäufigsten von Schülern verwendet. Prozentformeln und Bruch- bzw.
Verhältnisgleichungen kommen wesentlich seltener zum Einsatz und sind vor
allem bei Lernenden der Haupt- und Realschule vorzufinden. Kombinationsstrategien, die sowohl Merkmale von Dreisatz- als auch Operator-Verfahren aufweisen, konnten nur in der Aufgabe *Erbsen* nachgewiesen werden (siehe Tabelle
11.2).

	GY				RS		
	Aktion Mensch	Frau Fuchs	Erbsen		Aktion Mensch	Frau Fuchs	Erbsen
O	45,7%	35,0%	18,9%		18,6%	17,7%	10,5%
D	26,9%	51,1%	16,2%		56,4%	68,0%	42,4%
B	0,0%	0,3%			6,7%	5,7%	
P	0,3%	0,3%	0,5%		5,8%	4,4%	5,8%
K			13,0%				5,8%

	HS			Legende:
	Aktion Mensch	Frau Fuchs	Erbsen	
O	10,4%	14,2%	11,8%	O: Operator
D	49,5%	55,8%	17,6%	D: Dreisatz
B	0,0%	0,0%		B: Bruchgleichung
P	11,8%	10,2%	9,0%	P: Prozentformel
K			2,9%	K: Kombination O/D

Tabelle 11.2: Lösungsstrategien im Vergleich

Im Unterricht der Hauptschule wird vermutlich das Dreisatz-Verfahren oft bevorzugt, sodass Hauptschüler diese Lösungsstrategie besonders häufig anwenden. Ein möglicher Grund ist darin zu sehen, dass Dreisatz-Strategien als verständlich und vor allem für leistungsschwache Schüler als geeignet angesehen werden.

Die Dominanz von Dreisatz-Strategien in der Realschule lassen sich mit dem bayerischen Lehrplan erklären, in dem die Prozentrechnung als Teilgebiet der Proportionalität verankert ist. Die Schüler übernehmen offensichtlich das im Rahmen proportionaler Zusammenhänge gelernte und im Lehrplan vorgeschriebene Dreisatz-Verfahren.

Am Gymnasium werden vergleichsweise häufig Operator-Strategien verwendet, was sich ebenfalls auf den Lehrplan zurückführen lässt. Dort ist die Prozentrechnung an die Bruchrechnung angebunden. Die multiplikative Anteilsoperation bei Brüchen wird offenbar auch auf die Prozentrechnung, insbesondere auf die 1. Grundaufgabe, übertragen.

Bei der Aufgabe *Frau Fuchs* fällt ein vergleichsweise hoher Prozentsatz an Dreisatz-Strategien bei allen Schulformen auf. Da die Aufgabenstellung *40 %*

der Reisekosten (...). *Das sind 720 €* eine Zuordnung (40 % ≙ 720 €) nahe legt, sind bei dieser Aufgabe sogar am Gymnasium – anders als bei den anderen beiden Aufgaben – mehr Dreisatz- als Operator-Strategien zu beobachten.

Betrachtet man die Anzahl richtiger Lösungen in Abhängigkeit von der zugrunde liegenden Lösungsstrategie, weisen die beiden Hauptstrategien Dreisatz und Operator – abgesehen von einzelnen Ausnahmen – die höchsten Erfolgsquoten auf. Je nach Aufgabe und Schulform stellen entweder Dreisatz- oder Operator-Strategien die erfolgreicheren Lösungsverfahren dar. Mit einer Erfolgsquote von 89,6% erweisen sich Kombinationsstrategien aus Dreisatz und Operator als besonders erfolgversprechend.

Es fällt auf, dass Lösungsstrategien basierend auf Prozentformeln insbesondere bei der Hauptschule zu einem vergleichsweise geringen Anteil richtiger Lösungen führt (*Aktion Mensch*: 32,0 % und *Frau Fuchs*: 25,0 %). Kleine (2009) stellt außerdem fest, dass vor allem leistungsschwache Schüler bei der Lösung sonstige, individuelle Vorgehensweisen nutzen, die meist fehlerbehaftet sind und dass starre Lösungsschemata die erfolgreiche Bearbeitung verhindern können.

Welche typischen Fehlstrategien lassen sich identifizieren?

Im Rahmen der Fehleranalysen werden die Fehlerkategorien *Rechenfehler*, *Zuordnungsfehler bei Größen*, *Zuordnungsfehler bei mathematischen Operationen* und *Formelfehler* etabliert.

Sehr vielen Schülerlösungen liegen Rechenfehler zugrunde. Diese beziehen sich in erster Linie auf schriftliche Rechenverfahren der Multiplikation und Division mit zweistelligen natürlichen Zahlen, sind aber auch bei Aufgaben mit vergleichsweise einfachen Zahlen und Zahlenverhältnissen zu beobachten. Die Rechenfehler lassen sich gleichermaßen bei Schülern aller Schulformen nachweisen.

Bei allen drei analysierten Aufgabentypen stellen *Zuordnungsfehler bei mathematischen Operationen* und *Zuordnungsfehler bei Größen* die Hauptfehlerquellen dar. Bei der Aufgabe *Frau Fuchs* enthalten beispielsweise 19,2 % der fehlerhaften Lösungen Zuordnungsfehler bei Operationen und 37,2 % Zuordnungsfehler bei Größen (siehe Tabelle 11.3).

Zuordnungsfehler bei Größen lassen sich bei allen untersuchten Aufgabenstellungen feststellen. Bereits bei den im Aufgabentext gegeben Größenangaben kommt es häufig zu fehlerhaften Zuordnungen. Am Beispiel der Aufgabe *Frau Fuchs* zeigt sich, dass nicht die im Aufgabentext gegebenen Größen einander zugeordnet werden (720 € ≙ 40 %), sondern der Geldbetrag als Grundwert identifiziert und dem Prozentsatz von 100 % zugeordnet wird. In ähnlicher Weise sind viele Zuordnungsfehler hinsichtlich der gesuchten Größe zu beobachten – selbst wenn die gegebenen Größen in der Aufgabenstellung richtig interpretiert wurden. Bei der Aufgabe *Frau Fuchs* wird z. B. dem gesuchten Geldbetrag nicht der Prozentsatz 100 % sondern 140 % oder 60 % zugeordnet. Weiterhin sind Fehler bei Schülern zu beobachten, in denen relative prozentuale Anteile, wie z. B. 40 %, einer Größe aus einem bürgerlichen Größenbereich, nämlich 40 €, zugeordnet werden.

Darüber hinaus ist bei der Aufgabe *Frau Fuchs* als 2. Grundaufgabe der Prozentrechnung ein vergleichsweise hoher Prozentsatz an Zuordnungsfehler bei Größen evident. In sehr vielen Schülerlösungen – insbesondere in Verbindung mit Operator-Strategien – ist zu beobachten, dass die im Aufgabentext gegebene Größe als Grundwert aufgefasst wird. Damit wird die Struktur der Aufgabe im Sinne der 1. Grundaufgabe missinterpretiert, was für diesen Aufgabentyp spezifisch zu sein scheint. Vermutlich wird der erste Aufgabentyp der Prozentrechnung im Mathematikunterricht besonders ausführlich behandelt und überbetont.

	Zuordnungsfehler bei Operationen	Zuordnungsfehler bei Größen
Aktion Mensch	33,1%	9,3%
Frau Fuchs	19,2%	37,2%
Erbsen	50,1%	3,6%

Tabelle 11.3: Zuordnungsfehler bei mathematischen Operationen und Größen

In sämtlichen Aufgabenanalysen können Zuordnungsfehler bei mathematischen Operationen als wesentliche Fehlerquelle identifiziert werden. In entsprechenden Schülerlösungen werden der im Aufgabentext beschriebenen Realsituation offenbar falsche bzw. unpassende mathematische Rechenoperationen zugeschrieben. Anstelle von multiplikativen Strukturen werden von Schülern vor allem Rechenterme vorgeschlagen, in denen die größere Zahl durch die kleinere Zahl dividiert wird (z. B. 1275 € : 65 oder 500 g : 100 g). Als zweithäufigster Fehler sind in Anteilssituationen Modellansätze zu beobachten, denen die Subtraktion zugrunde gelegt wird (z. B. 1275 – 65 oder 500 g – 100 g).

Bei der Betrachtung der Schülerfehler in Bezug auf Formel-Strategien zeigt sich, dass diese Lösungsverfahren sehr fehleranfällig sind. Entweder geben die Schüler Prozentformeln falsch wider oder sie ziehen zur Lösung einer Aufgabe Formeln heran, die nicht zur Beschreibung der zugrunde liegenden Sachsituation geeignet sind.

Neben den bereits beschriebenen Fehlstrategien werden im Rahmen der Fehleranalysen vor allem gegen Ende der Lösungsprozesses individuelle Anpassungsstrategien identifiziert. Ziel dieser Strategien ist es offenbar, Ergebnisse, die den Schülern unrealistisch erscheinen, in vergleichsweise plausible Lösungen umzuwandeln. Die Anpassungsstrategien basieren zwar meist auf mathematischen Rechenverfahren (z. B. Kommaverschiebung, Erweitern und Kürzen), werden aber in unpassender und nichtadäquater Weise angewendet.

Inwieweit können individuelle Vorstellungen und Fehlermuster in den Interviewtransskripten rekonstruiert werden?
Inwieweit basieren diese Fehlstrategien auf individuellen Fehlvorstellungen und längerfristigen Entwicklungsprozessen?

Bei der Auswertung der Interviews können wesentliche Fehlstrategien und Lösungsprozesse hinsichtlich der Verwendung unpassender mathematischer Operationen rekonstruiert werden, denen fehlerhafte Zuordnungen von Größen und die unreflektierte Anwendung mathematischer Regeln und Formeln zugrunde liegen.

Zuordnungsfehler der Form *2 Fahrräder entsprechen 2 %* gehen meist mit fehlenden, inadäquaten oder ungeordneten Grundvorstellungen seitens der Schüler zum Prozentbegriff einher. Werden z. B. dem Grundwert bzw. der gesuchten Größe falsche Prozentsätze zugeordnet oder gelingt in mehrschrittigen Aufgaben die Identifikation mehrerer Grundwerte nicht, sind zugrunde liegende Fehlerquellen eher in der Erfassung der gesamten Sachsituation zu vermuten.

Die Analyse von Zuordnungsfehlern bei Rechenoperationen, wobei die Schüler statt der Multiplikation andere Grundrechenarten wie Division und Subtraktion präferieren, zeigt in vielen Fällen, dass den entsprechenden Lösungsprozessen unvollständig ausgebildete und auf einer frühen Entwicklungsstufe stehen gebliebene Grundvorstellungen zugrunde liegen. Offenbar aktivieren Schüler bei der Bearbeitung von Prozentrechenaufgaben Grundvorstellungen zu Rechenoperationen, die bereits im Mathematikunterricht der Grundschule innerhalb des Zahlbereichs der natürlichen Zahlen etabliert wurden. Vor allem am Beispiel der Division wird deutlich, dass die Schüler-Vorstellungen oft erhebliche Defizite und Beschränkungen (z. B. *Division verkleinert immer*) aufweisen. Dies deutet darauf hin, dass es im Rahmen der Zahlbereichserweiterung nicht gelungen ist, die Vorstellungen zur Division an die neuen mathematischen Inhalte und Strukturen anzupassen und zu erweitern. Dieses Phänomen wurde bereits in der Bruchrechnung von Wartha (2007) nachgewiesen. Offenbar übertragen die Schüler entsprechende Fehlermuster und Fehlvorstellungen direkt auf die Prozentrechnung.

Dies lässt weiterhin darauf schließen, dass die Ursachen für Fehlstrategien häufig in fehlerhaften oder unvollständig ausgebildeten Grundvorstellungen zu suchen sind, die in zeitlich weit zurück liegenden Lernphasen liegen können. Dabei handelt es sich vermutlich um Vorstellungen, die von den Schülern als erfolgreich wahrgenommen werden und sich deshalb in dominanten und über einen längeren Zeitraum sehr stabilen mentalen Modellen mathematischer Inhalte manifestieren. Darüber hinaus können solche Vorstellungen offenbar dazu beitragen, dass das Erlernen neuer, kumulativer Inhalte erschwert wird (vgl. etwa Fischbein, 1993 und vom Hofe, 1995).

Hinsichtlich der Anwendung mathematischer Regeln, Formeln oder Verfahren zeigt sich, dass Schüler damit oft keine Vorstellungen verbinden und entsprechende Arbeitsschritte rein technisch auf der Ebene der mathematischen Symbolik ausführen (z. B. *zum Schluss muss man noch das Komma verschieben*). Teilweise neigen Schüler dazu, gelernte Regeln zu übergeneralisieren (z. B. *‚von‘ heißt immer mal*) und diese in Situationen einzusetzen, in denen sie keine Gültigkeit besitzen. Vermutlich gehen mit dem unreflektierten Umgang mathematischer Verfahren fehlende oder inadäquate Vorstellungen zum Prozentbegriff und den entsprechenden Formeln und Regeln einher.

Lassen sich Hinweise zur Verbesserung der Schul- und Unterrichtspraxis aus den Ergebnissen ableiten?

Ein zentrales Ziel des Mathematikunterrichtes ist es, Schüler zum Lösen alltagsrelevanter Problemstellung, wie z. B. Anwendungen der Prozentrechnung, zu befähigen. Dazu werden im Unterricht in der Regel auch mehrere Lösungsverfahren und -methoden erarbeitet oder vorgestellt. In Schulbüchern fällt allerdings oft auf, dass diese Verfahren als alternative, rezepthafte Lösungsmöglichkeiten dargestellt werden, die sich mehr oder weniger beziehungslos gegenüber stehen. Da es, wie den Analysen zu entnehmen ist, offenbar nicht die universell beste Lösungsstrategie gibt, sollten vielmehr

- strukturelle Beziehungen zwischen den unterschiedlichen Strategien Dreisatz, Operator, Bruch- bzw. Verhältnisgleichungen und Formeln hergestellt und
- inhaltliches Verständnis für diese Methoden entwickelt und aufgebaut werden,
- um das flexible Anwenden der Lösungsverfahren je nach Aufgabenstellung und gegebenen Zahlen bzw. Zahlenverhältnissen zu ermöglichen.

In diesem Zusammenhang sollten auch auf den Lösungsprozess bezogene Metastrategien vermittelt und gefördert werden. Insbesondere sollten Schüler reflektieren, inwieweit entsprechende Verfahren oder Regeln auf die Realsituation
angewendet werden können.

Da sich einige Defizite auf längerfristige Lernschwierigkeiten auf Vorstellungsebene zurückführen lassen, ist bei der Einführung neuer Inhalte bzgl. Proportionalität und Prozentrechnung die Berücksichtigung vorhandener Wissensstrukturen und Grundvorstellungen seitens der Schüler von besonderer Bedeutung.
Dabei sollte vor allem beachtet werden, dass vorhandene Grundvorstellungen,
z. B. zu den mathematischen Rechenoperationen, weiterentwickelt und mit Vorstellungen aus anderen Teilbereichen, z. B. der Bruchrechnung, in Beziehung
gesetzt werden. In diesem Zusammenhang gilt es auch, das Bewusstsein bei
Lehrern zu stärken, dass Fehlstrategien oft aus unterschiedlichen Inhaltsbereichen, z. B. Rechnen mit Größen, auf die Prozentrechnung übertragen werden.

Weiterhin hat sich vor allem an Real- und Hauptschule gezeigt, dass sich spiralförmig aufgebaute Lehrpläne positiv auf den Entwicklungsprozess inhaltlicher
Kompetenzen auswirken können und die isolierte Betrachtung der Inhaltsbereiche Proportionalität und Prozentrechnung in einer Jahrgangsstufe wie am Gymnasium zu zeitlich stabilen Fehlvorstellungen führen kann. Dies spricht dafür,
dass die entsprechenden Inhalte jahrgangsübergreifend wiederholt werden sollten, auch wenn es sich um vermeintlich einfache und elementare Fertigkeiten
handelt.

Ausblick

Ausgehend von den Ergebnissen der vorliegenden Arbeit ergeben sich offene
Fragestellungen, die weitere Forschungsarbeiten motivieren könnten.

Im Rahmen der Analysen konnte die Leistungsentwicklung von Schülern der
Sekundarstufe I in den Inhaltsbereichen Proportionalität und Prozentrechnung
dokumentiert werden. Diese beiden Bereiche stellen keine isolierten Teilgebiete
des Mathematikunterrichts dar, sondern stehen mit weiteren Inhalten z. B. aus
der Bruchrechnung oder zu Funktionen (lineare Funktionen und Exponential-
funktion) in Beziehung. Dabei bleibt unklar, wie sich diese Teilbereiche hinsichtlich der Kompetenzentwicklung gegenseitig beeinflussen bzw. bedingen.
Diese Frage kann auch auf Inhaltsbereiche (wie z. B. der Geometrie) bezogen
werden, denen kein direkter strukturmathematischer Bezug zu Proportionalität
und Prozentrechnung zugrunde liegt.

Die Untersuchungen von Leistungsmerkmalen auf Schulklassenebene haben
gezeigt, dass es vergleichbare Lerngruppen in unterschiedlichen Schulformen

gibt. Beispielsweise weisen einige Hauptschulklassen dieselben Leistungsmerkmale wie Gymnasialklassen auf. Hier stellt sich die Frage nach Bedingungsfaktoren der Klassenleistungen. In diesem Zusammenhang ist es lohnenswert zu untersuchen, welche Unterrichtsvariablen maßgeblichen Einfluss auf die Leistung der Schulklassen haben und welche Rolle der Lehrer im Mathematikunterricht spielt.

Sowohl in den Detailanalysen zur Leistungsentwicklung als auch bei der Betrachtung der Aufgabenbearbeitungen wurde festgestellt, dass die Realschule Leistungen auf oder teilweise sogar über dem durchschnittlichen Niveau des Gymnasiums aufweist. Dabei stellt sich die Frage, wie sich diese sehr guten Leistungen der Realschüler erklären lassen.

In Detailstudien zur Strategienutzung und Fehleranalyse könnten Profile typischer Schüler etabliert werden. Gibt es z. B. Schüler, die vorzugsweise Operator-Strategien verwenden, bei bestimmen Aufgabentypen zu Zuordnungsfehler bei Größen oder Rechenfehler neigen? Dabei wäre von Interesse, inwieweit sich aussagekräftige Schülerprofile empirisch bestätigen lassen.

Im Rahmen der Aufgaben- und Interviewanalysen konnten typische Fehlstrategien und -vorstellungen identifiziert werden. In diesem Zusammenhang wären Entwicklung und Evaluation von Unterrichtskonzepten oder -materialien wünschenswert, um der Entstehung bzw. Entwicklung von Fehlvorstellungen im Laufe der Sekundarstufe I effektiv entgegenwirken zu können.

Literaturverzeichnis

Andelfinger, B. & Zuckett-Peerenboom, R. D. (1982). *Quellensammlung zu : Didaktischer Informationsdienst Mathematik, Thema: Proportion.* Neuss: Landesinstitut für Curriculumentwicklung, Lehrerfortbildung und Weiterbildung.

Anderson, E. B. (1973). A goodness of fit test for the Rasch-model. *Psychometrika, 38,* 123-140.

Appell, K. (2004). Prozentrechnen. Formel, Dreisatz, Brüche und Operatoren. *Der Mathematik-Unterricht, 6,* Jahrgang 50, 23-32.

Artelt, C., Baumert, J., Klieme, E., Neubrand, M., Prenzel, M., Schiefele, U., Schneider, W., Schümer, G., Stanat, P., Tillmann, K.-J. & Weiß, M. (Hrsg.) (2001). *PISA 2000. Zusammenfassung zentraler Befunde – Schülerleistungen im internationalen Vergleich.* Berlin: Max-Planck-Institut für Bildungsforschung.

Baireuther, P. (1983). Die Grundvorstellungen der Prozentrechnung. *Mathematische Unterrichtspraxis, 2,* 4. Jahrgang, 25-34.

Baumert, J., Lehmann, R., Lehrke, M., Schmitz, B., Clausen, M., Hosenfeld, I., Köller, O. & Neubrand, J. (1997). *TIMSS – Mathematisch-naturwissenschaftlicher Unterricht im internationalen Vergleich.* Opladen: Leske + Budrich.

Baumert, J. (Hrsg.) (2003). PISA 2000. Ein differenzierter Blick auf die Länder der Bundesrepublik Deutschland. Opladen: Leske + Budrich.

Baumert, J. & Lehmann, R. (Hrsg.) (1997). TIMSS – Mathematisch-naturwissenschaftlicher Unterricht im internationalen Vergleich. Opladen: Leske + Budrich.

Baumert, J., Bos, W. & Lehmann, R. (Hrsg.) (2000). TIMSS/III. Dritte internationale Mathematik- und Naturwissenschaftsstudie: Mathematische und naturwissenschaftliche Bildung am Ende der Schullaufbahn, Band 1 und 2. Opladen: Leske + Budrich.

Bayerisches Staatsministerium für Unterricht und Kultus. (1994). *Lehrplan für das bayerische Gymnasium.* Online in Internet: URL: http://www.isb.bayern.de/isb/index.aspx (Stand 01.03.2011)

Bayerisches Staatsministerium für Unterricht und Kultus. (2001). *Lehrplan für die sechs-stufige Realschule.* Online in Internet: URL: http://www.isb.bayern.de/isb/index.aspx (Stand 01.03.2011)

Bayerisches Staatsministerium für Unterricht und Kultus. (2004). *Lehrplan für die bayeri-sche Hauptschule.* Online in Internet: URL: http://www.isb.bayern.de/isb/index.aspx (Stand 01.03.2011)

Bell, A., Fischbein, E. & Greer, B. (1984). Choice of operation in verbal arithmetic prob-lems: The effects of number size, problem structure and context. *Educational Studies in Mathematics, 15,* 129-147.

Bell, A., Swan, M. & Taylor, G. (1981). Choice of operation in verbal problems with decimal numbers. *Educational Studies in Mathematics, 12,* 399-420.

Bellenberg, G. (1999). Individuelle Schullaufbahnen. Eine empirische Untersuchung über Bildungsverläufe von der Einschulung bis zum Abschluss. Weinheim: Juventa.

Berger, R. (1991). Leistungen von Schülern im Prozent- und Zinsrechnen am Ende der Hauptschulzeit. Ergebnisse einer fehleranalytisch orientierten empirischen Untersu-chung. *Mathematische Unterrichtspraxis, 1,* 12. Jahrgang, 30-44.

Besuden, H. (2000). Bruch- und Prozentrechnung – Einfach und schülergerecht. *Lern-chancen, 17,* 4-9.

Bingolbali, E. & Monaghan, J. (2008). Concept image revisited. *Educational Studies in Mathematics, 68 (1),* 19-35.

Blum, W. (1996). Anwendungsbezüge im Mathematikunterricht – Trends und Perspekti-ven. In G. Kadunz, H. Kautschitsch, G. Ossimitz & E. Schneider (Hrsg.), *Trends und Perspektiven – Beiträge zum 7. Internationalen Symposium zur Didaktik der Mathe-matik* (S. 15-38). Wien: Hölder-Pichler-Tempsky.

Blum, W. (1998). On the role of „Grundvorstellungen" for reality-related proofs – exam-ples and reflections. In P. Galbraith, W. Blum, G Booker & I. D. Huntley (Hrsg.), *Mathematical modelling* (S. 63-74). Chichester: Harwood.

Blum, W. & Henn, H.-W. (2003). Zur Rolle der Fachdidaktik in der universitären Gym-nasiallehrerausbildung. *Der mathematische und naturwissenschaftliche Unterricht, 56,* 68-76)

Blum, W. & vom Hofe, R. (2003). Welche Grundvorstellungen stecken in der Aufgabe? *Mathematik lehren, 118*, 4-18.

Borromeo Ferri, R. (2007). Individual modelling routes of pupils – Analysis of modelling problems in mathematical lessons from a cognitive perspective. In C. Haines (Hrsg.), *Mathematical Modelling (ICTMA 12): Education, Engineering and Economics* (S. 260-270). Chichester: Horwood Academic.

Bos, W., Lankes, E.-M., Prenzel, M., Schwippert, K., Valtin, R. & Walther, G. (2004). *IGLU – Einige Länder der Bundesrepublik Deutschland im nationalen und internationalen Vergleich.* Münster: Waxmann.

Broekman, H. & Stufland, L. (1993). A realistic Approach To Percentages. *Mathematics Teaching, 145*, 34-37.

Brueckner, L. J. (1930). *Diagnostic and remedial teaching in arithmetic.* Philadelphia: John C. Winston Company.

Bruner, J. S. (1973). *Der Prozeß der Erziehung.* Düsseldorf. Schwamm.

Carpenter, T. P., Kepner, H., Corbitt, M. K., Lindquist M. M. & Reys, R. E. (1980). Results of the NAEP mathematics assessment: Elementary school. *Arithmetic Teacher, 22*, 438-450.

Carstensen, C. H. (2000). Mehrdimensionale Testmodelle mit Anwendungen aus der pädagogisch-psychologischen Diagnostik. Kiel: IPN

Davis, R. B. (1988). Is "Percent" a Number? *Journal of mathematical behaviour, 7*, 299-302.

Davis, R. B. & Vinner, S. (1986).The notion of limit: Some seemingly unavoidable misconception stages. *Journal of Mathematical Behaviour, 5 (3)*, 281-303.

Dole, S. (2000). Promoting Percent as a Proportion in Eight-Grade Mathematics. *School Science and Mathematics, 100 (7)*, 380- 389.

Duit, R. (1996). Lernen als Konzeptwechsel im naturwissenschaftlichen Unterricht. In R. Duit & C. von Rhöneck (Hrsg.), *Lernen in den Naturwissenschaften* (S. 145-162). Kiel: IPN.

Duit, R. (1999a). Conceptual Change Approaches in Science Education. In W. Schnotz, S. Vosniadou & M. Carretero (Hrsg.), *New perspectives on conceptual change* (S. 263-282). Amsterdam: Pergamon.

Duit, R. (1999b). Moderat- und sozial-konstruktivistische Ansätze zum Lernen in den Naturwissenschaften – Aus der Sicht des Lernens als Konzeptwechsel. Symposium conducted at the 58. Tagung der AEPF, Nürnberg, Germany. September 1999.

Duit, R. & Treagust, D. F. (2003). Conceptual change – A powerful framework for improving science teaching and learning. *International Journal of Science Education, 25,* 671-688.

Edwards, A. (1930). A study of errors in percentage. In G. M. Whipple (Hrsg.), *Twenty-ninth yearbook of the National Society for the Study of Education* (S. 621-640). Bloomington: Public Schools Publishing Company.

Ercole, L. K., Frantz, M. & Ashline, G. (2011). Multiple Ways to Solve Proportions. *Mathematics Teaching in the Middle School, 16 (8),* 482-490.

Fischbein, E. (1984). Role of implicit models in solving elementary arithmetical problems. In R. Hershkowitz (Hrsg.), *Proceedings of the seventh international conference for the psychology of mathematics education* (S. 2-18). Rehovot: Weizmann Institute of Science, Department of Science Teaching.

Fischbein, E. (1993). The interaction between the formal and the algorithmic and the intuitive components in a mathematical activity. In R. Biehler, R. W. Scholz, R. Sträßer, & B. Winkelmann (Hrsg.), *Didactics of mathematics as a scientific discipline* (S. 231-245). Dordrecht: Kluwer.

Fischbein, E., Deri, M., Nello, M. S. & Marino, M. S. (1985). The role of implicit models in solving verbal problems in multiplication and division. *Journal for Research in Mathematics Education, 16 (1),* 3-17.

Fischbein, E., Tirosh, D., Stavy, R. & Oster, A. (1990). The autonomy of mental models. *For the Learning of Mathematics, 10,* 23-30.

Freudenthal, H. (1973). *Mathematics as an educational task.* Dordrecht: Reidel.

Freudenthal, H. (1978). Weeding and sowing: Preface to a science of mathematical education. Dordrecht: Reidel.

Freudenthal, H. (1983). Didactical phenomenology of mathematical structures. Dordrecht: Reidel.

Grässle, W. (1989). Operatorform oder Dreisatzschema bei Prozentaufgaben und Zuordnungsaufgaben? *Mathematische Unterrichtspraxis, 1,* 10. Jahrgang, 23-30.

Gray, E., Pitta, D. & Tall, D. O. (2000). Objects, actions and images: A perspective on early number development. *Journal of Mathematical Behaviour, 18 (4),* 1-13.

Griesel, H. (1981). Der quasikardinale Aspekt der Bruchrechnung. *Der Mathematikunterricht, 27,* 87-95.

Griesel, H. (1997). Zur didaktisch orientierten Sachanalyse des Begriffs Größe. *Journal für Mathematikdidaktik, 18 (4),* S. 259-284.

Haas, H. (2000). Prozentrechnen im Alltag – Materialgeleitetes Lernen in der Hauptschule. *Lernchancen, 17,* 17-23.

Hafner, T. & vom Hofe, R. (2008). Aufgaben analysieren und Schülervorstellungen erkennen – Diagnostische Interviews zur Prozentrechnung. *Mathematik lehren, 150,* 14-19.

Hardy, I., Schneider, M., Jonen, A., Möller, K., & Stern, E. (2005). Fostering diagrammatic reasoning in science education. *Swiss Journal of Psychology, 64,* 207-217.

Hart, K. (1981). Children's understanding of mathematics. London: Murray.

Hart, K. (1984). Ratio: Children's strategies and errors. A report of the strategies and errors in secondary mathematics project. London: NFER-Nelson.

Hefendehl-Hebeker, L. (1996). Brüche haben viele Gesichter. *Mathematik lehren, 78,* 20-48.

Heller, K. A. & Perleth, Ch. (2000). Kognitiver Fähigkeitstest für 4.-12. Klassen, Revision (KFT 4-12+ R). Göttingen: Hogrefe.

Helmke, A. & Weinert, F. E. (1997). Bedingungsfaktoren schulischer Leistungen. In F. E. Weinert (Hrsg.), *Psychologie des Unterrichts und der Schule – Enzyklopädie der Psychologie, Serie Pädagogische Psychologie, Band 3* (S. 71-176). Göttingen: Hogrefe.

Henn H.-W. (2002). Mathematik und der Rest der Welt. *Mathematik lehren, 113*, 4-7.

Jahnke, H. N. & Seeger, F. (1986). Proportionalität. In G. von Harten, H. N. Jahnke, T. Mormann, M. Otte, F. Seeger, H. Steinbring & H. Stellmacher, *Funktionsbegriff und funktionales Denken* (S. 35-83). Köln: Aulis-Verlag Deubner.

Jordan, A. (2006). Mathematische Bildung von Schülern am Ende der Sekundarstufe I – Analysen und empirische Untersuchungen. Hildesheim: Franzbecker.

Jordan, A., Kleine, M., Wynands, A. & Flade, L. (2004). Mathematische Fähigkeiten bei Aufgaben zur Proportionalität und Prozentrechnung. In M. Neubrand (Hrsg.), *Mathematische Kompetenzen von Schülerinnen und Schülern in Deutschland – Vertiefende Analysen im Rahmen von PISA 2000* (S. 159-173). Wiesbaden: VS Verlag für Sozialwissenschaften.

Kaiser, G. (1999). Unterrichtswirklichkeit in England und Deutschland. Weinheim: Beltz.

Kaiser, G., Blum, W. & Wiegand, B. (2001). Results of a longitudinal study on mathematics achievements of german and english students. In H.-G. Weigand, E. Cohors-Fresenborg, K. Houston, H. Maier, A. Peter-Koop, K. Reiss, G. Törner & B. Wollring (Hrsg.), *Developments in Mathematics Education. Selected Papers from the Annual Conference on Didactics of Mathematics, Leipzig, 1997* (S. 96-107). Hildesheim: Franzbecker.

Karplus, R., Karplus, E. F. & Wollman, W. (1974). Intellectual development beyond elementary school: Ratio, the influence of cognitive style (Vol. 4). *School Science and Mathematics, 74*, 476-482.

Karplus, R., Pulos, S. & Stage E. K. (1983). Proportional reasoning of early adolescents. In R. Lesh & M. Landau (Hrsg.), *Aquisition of Mathematics Concepts and Processes* (S. 45-90). Orlando: Academic Press.

Kendal, M. & Stacey, K. (2001). The impact of teacher privileging on learning differentiation with technology. *International Journal of Computers for Mathematical Learning, 6 (2)*, 143-165.

Kircher, H. W. (1926). Study of percentage in Grade VIII A. *Elementary School Journal, 26*, 281-289.

Kirsch, A. (1969). Eine Analyse der sogenannten Schlußrechnung. *Mathematisch-Physikalische Semesterberichte, 16,* 41-55.

Kirsch, A. (1997). Mathematik wirklich verstehen: eine Einführung in ihre Grundbegriffe und Denkweisen. Köln: Aulis.

Kirsch, A. (2002). Proportionalität und „Schlussrechnung" verstehen. *Mathematik lehren, 114,* 6-9.

Kleine, M. (2004). Quantitative Erfassung von mathematischen Leistungsverläufen in der Sekundarstufe I. Hildesheim: Franzbecker.

Kleine, M. (2009). Kompetenzdefizite im Bereich des Bürgerlichen Rechnens. In A. Heinze & M. Grüßing (Hrsg.), *Mathematiklernen vom Kindergarten bis zum Studium* (S. 147-155). Münster: Waxmann.

Kleine, M. & Jordan, A. (2007). Lösungsstrategien von Schülerinnen und Schülern in Proportionalität und Prozentrechnung – eine korrespondenzanalytische Betrachtung. *Journal für Mathematik-Didaktik, 28,* 209-223.

Klieme, E., Avenarius, H., Blum, W., Döbrich, P., Gruber, H., Prenzel, M., Reiss, K., Riquarts, K., Rost, J., Tenorth, H.-E. & Vollmer, H. J. (2003). *Zur Entwicklung nationaler Bildungsstandards. Eine Expertise.* Bonn: BMBF.

Klieme, E., Funke, J., Leutner, D., Reimann, P. & Witt, J. (2001). Problemlösen als fächerübergreifende Kompetenz. *Zeitschrift für Pädagogik, 47,* 179-200.

Knoche, N. & Lind, D. (2000). Eine Analyse der Aussagen und Interpretationen von TIMSS unter Betonung methodologischer Aspekte. *Journal für Mathematik-Didaktik, 21,* 3-27.

Knott, L. & Evitts, T. (2008). The When and Why of Using Proportions. *Mathematics Teacher, 101 (7),* 528-532.

Konferenz der Kultusminister der Länder in der Bundesrepublik Deutschland (2004). *Bildungsstandards im Fach Mathematik für den mittleren Schulabschluss. Beschluss vom 04.12.2003.* München: Kluwer.

Kouba, V. L., Brown, C. A., Carpenter, T. P., Lindquist, M. M., Silver, E. A. & Swafford, J. O. (1988). Results of the NAEP mathematics assessment of mathematics: Number, operations and world problems. *Arithmetic Teacher, 35,* 14-19.

Kraus, J. (1986). Zur Prozentrechnung. Pädagogische Welt. Monatsschrift für Unterricht und Erziehung, 9, 40. Jahrgang, 430-433.

Küchemann, D. & Hoyles, C. (2003). *The quality of students' explanations on a nonstandard geometry item.* Paper presented at the CERME 3, Bellaria.

Kurth, W. (1992). Proportionen und Antiproportionen. Untersuchungen zum funktionalen Denken von Schülern. *Journal für Mathematik-Didaktik, 13 (4),* 311-343.

Lamon, S. J. (1993). Ratio and proportion: Children's cognitive and metacognitive processes. In T. P. Carpenter, E. Fennima & T. A. Romberg (Hrsg.), *Rational numbers: An integration of research* (S. 131-156). Hillsdale: Erlbaum.

Lamon, S. J. (2007). Rational Numbers and Proportional Reasoning. Toward a Theoretical Framework for Research. In F. K. Lester, Jr. (Hrsg.), *Second Handbook of Research on Mathematic Teaching and Learning: A Project of the National Council of Teachers of Mathematics* (S. 629-667). New York: Macmillan.

Lehmann, R. H., Peek, R., Gänsfuß, R. & Husfeldt, V. (2001). LAU 9 Aspekte der Lernausgangslage und der Lernentwicklung – Klassenstufe 9 – Ergebnisse einer längsschnittlichen Untersuchung in Hamburg. Online in Internet: URL: http://www.hamburger-bildungsserver.de/schulentwicklung/lau/lau9.pdf   (Stand 22.03.2011)

Lesh, R. & Doerr, H. (2000). Symbolizing, communicating and mathematizing: Key components of models and modeling. In P. Cobb, E. Yackel & K. McClain (Hrsg.), *Symbolizing and communicating in mathematics classrooms* (S. 361-383). Mahwah, NJ: Lawrence Erlbaum.

Lesh, R., Post, T. R. & Behr, M. (1988). Proportional Reasoning. In J. Hiebert & M. Behr (Hrsg.), *Number concepts and operations in the middle grades* (S. 93-118). Reston: National Council of Teachers in Mathematics.

Lietzmann, W. (1916). *Methodik des mathematischen Unterrichts.* Leipzig: Quelle und Meyer.

Mandl, H., Gruber, H. & Renkl, A. (1993). Lernen im Physikunterricht – Brückenschlag zwischen wissenschaftlicher Theorie und menschlichen Erfahrungen. In Deutsche Physikalische Gesellschaft e. V./Fachverband Didaktik der Physik (Hrsg.), *Didaktik der Physik* (S. 21-36). Esslingen: Deutsche Physikalische Gesellschaft.

Maull, W. & Berry, J. (2000). A questionnaire to elicit the mathematical concept images of engineering students. *International Journal of Mathematical Education in Science and Technology, 31 (6)*, 899-917.

McGivney, R. J. & Nitschke, J. (1988). Is-of, a mnemonic for percentage problems. *Mathematics Teacher, 81*, 455-456.

Meierhöfer, B. (2000). Einführung in den Prozentbegriff. *Lernchancen, 17*, 10-16.

Meißner, H. (1982). Eine Analyse zur Prozentrechnung. *Journal für Mathematik-Didaktik, 2*, 3. Jahrgang, 121-144.

Merenluoto, K. (2003). Abstracting the density of numbers on the number line. A quasi-experimental study. In N. A. Pateman, B. J. Dougherty & J. Zilliox (Hrsg.), *Proceedings of the 2003 joint meeting of PME and PMNA, CRDG, 3* (S. 285-292). College of Education, University of Hawai'i.

Merenluoto, K. & Lehtinen, E. (2000). Do theories of conceptual change explain the difficulties of enlarging the number concept in mathematics learning? Eric Document Reproduction Service No. ED 441 670.

Merkens, H. (2003). Deutschland ist gefährdet. Interview vom 14.03.2003. Online in Internet: URL: http://www.jf-archiv.de/archiv03/123yy09.htm (Stand 01.03.2011)

Möller, G. & Prasse, A. (2009). Die Kompetenzen der 15-Jährigen beim dritten innerdeutschen PISA-Ländervergleich (PISA-E-2006). *SchulVerwaltung NRW, 2*, 20. Jahrgang, 34-37.

Möller, K., Jonen, A., Hardy, I., & Stern, E. (2002). Die Förderung von naturwissenschaftlichem Verständnis bei Grundschulkindern durch Strukturierung der Lernumgebung. *Zeitschrift für Pädagogik, 45. Beiheft*, 176-191.

Moosbrugger, H. (1992). Testtheorie: Probabilistische Modelle. In R. S. Jäger & F. Petermann (Hrsg.), *Psychologische Diagnostik: ein Lehrbuch* (S. 322-334). Weinheim: Psychologie-Verlags-Union.

National Council of Teachers of Mathematics. (1989). *Curriculum and evaluation standards for school mathematics*. Reston, VA: Author.

Neubrand, M., Biehler, R., Blum, W., Cohors-Fresenborg, E., Flade, L., Knoche, N., Lind, D., Löding, W., Möller, G., & Wynands, A. (2001). Grundlagen der Ergänzung des internationalen PISA-Mathematiktests in der deutschen Zusatzerhebung. *Zentralblatt für Didaktik der Mathematik, 33 (2)*, 45-60.

OECD (2003). The PISA 2003 Assessment Framework- Mathematics, Reading, Science and Problem Solving Knowledge Skills. Paris: OECD Publication Service.

Oehl, W. (1962). Der Rechenunterricht in der Grundschule, 10. Auflage. Hannover: Schroedel.

Oehl, W. (1970). Der Rechenunterricht in der Hauptschule, 4. Auflage. Hannover: Schroedel.

Padberg, F. & Benz, C. (2004). Didaktik der Arithmetik: für Lehrerausbildung und Lehrerfortbildung, 4. Auflage. Heidelberg: Spektrum Akademischer Verlag.

Parker, M. (1994). Instruction in percent: Moving prospective teachers under procedures and beyond conversions. *Dissertation Abstracts International, 55 (10)*, 3127A.

Parker, M. & Leinhardt, G. (1995). Percent: A Privileged Proportion. *Review of Educational Research, 65 (4)*, 421-481.

Payne, J. N. & Allinger, G. D. (1984). *Insights into teaching percent to general mathematics students*. Unpublished manuscript, Montana State University, Department of Mathematical Sciences, Bozeman.

Pekrun, R. (2002). Vergleichende Evaluationsstudien zu Schülerleistungen. Konsequenzen für die Bildungsforschung. *Zeitschrift für Pädagogik, 48*, 111-128.

Pekrun, R,. Götz, T., vom Hofe, R., Blum, W., Jullien, S., Zirngibl, A., Kleine, M., Wartha, S. & Jordan, A. (2004). Emotionen und Leistung im Fach Mathematik: Ziele und erste Befunde aus dem „Projekt zur Analyse der Leistungsentwicklung in Mathematik" (PALMA). In J. Doll & M. Prenzel (Hrsg.), *Bildungsqualität von Schule: Lehrerprofessionalisierung, Unterrichtsentwicklung und Schülerförderung als Strategien der Qualitätsverbesserung* (S. 345-363). Münster: Waxmann.

Pekrun, R,. Lichtenfeld, S., Frenzel, A., Götz, T., Blum, W., vom Hofe, R., Jordan, A. & Kleine, M. (2008). *Skalenhandbuch Erhebungswelle VI: Juni 2007*. Universität München, Department für Psychologie.

Peter-Koop, A. (2003). „Wie viele Autos stehen in einem 3-km-Stau?" – Modellbildungsprozesse beim Bearbeiten von Fermi-Problemen in Kleingruppen. In S. Ruwisch & A. Peter-Koop (Hrsg.), *Gute Aufgaben im Mathematikunterricht der Grundschule* (S. 111-130). Offenburg: Mildenberger.

Piaget, J. (1947). *La Psychologie de l'Intelligence.* Paris: Presses Universitaires de France.

Piaget, J. (1971). Die Entwicklung des räumlichen Denkens beim Kind. Stuttgart: Klett.

Piaget, J. (1978). The development of thought – Equilibration of cognitive structures. Oxford: Basil Bleckwell.

PISA-Konsortium Deutschland (Hrsg.) (2002). *PISA 2000. Die Länder der Bundesrepublik Deutschland im Vergleich.* Opladen: Leske + Budrich.

PISA-Konsortium Deutschland (Hrsg.) (2004a). PISA 2003. Der zweite Vergleich der Länder in Deutschland – Was wissen und können Jugendliche? Münster: Waxmann.

PISA-Konsortium Deutschland (Hrsg.) (2004b) PISA 2003. Der Bildungsstand der Jugendlichen in Deutschland – Ergebnisse des zweiten internationalen Vergleichs. Münster: Waxmann.

PISA-Konsortium Deutschland (Hrsg.) (2007). PISA '06. Die Ergebnisse der dritten internationalen Vergleichsstudie. Münster: Waxmann.

Pollak. H. O. (1985). On the relation between the application of mathematics and the teaching of mathematics. *Proceedings of the 1985 Annual Meeting of Canadian Mathematics Education Group* (S. 28-43). Quebec: Université Laval.

Posner, G. J., Strike, K. A., Hewson P. W. & Gertzog, W. A. (1982). Accommodation of a scientific conception: Toward a theory of conceptual change. *Science Education, 66,* 211-227.

Prediger, S. (2006). The relevance of didactic categories for analysing obstacles in conceptual change. *Learning and Instruction, 18 (1),* 3-17.

Rasch, G. (1960). Probabilistic models for some intelligence and attainment tests. Chicago: The University of Chicago Press.

Reusser, K., Pauli, C. & Klieme, E. (2003). Unterrichtsqualität, Lernverhalten und mathematisches Verständnis. Eine schweizerisch-deutsche Videostudie. Online in Internet: URL: http://www.ife.uzh.ch/index.php?treenode_id=592&research_id=69 (Stand 21.03.2011)

Risacher, B. F. (1992). Knowledge growth of percent during the middle school years. *Dissertation Abstracts International, 54 (03)*, 853A.

Römer, M. (2008). Prozentrechnung – Ein Plädoyer für den Dreisatz. *Praxis der Mathematik in der Schule, 24*, 37-41.

Rost, J. (1996). Lehrbuch Testtheorie, Testkonstruktion. Bern: Huber.

Salle, A., vom Hofe, R. & Pallack, A. (2011, im Druck). Fördermodule für jede Gelegenheit – SINUS.NRW-Projekt Diagnose & individuelle Förderung. *Mathematik lehren, 166*, 20-24.

Scherer, P. (1996a). „Zeig´, was du weißt" – Ergebnisse eines Tests zur Prozentrechnung. Folge 1: Vorstellung, Durchführung, Ergebnisse des Tests. *Mathematik in der Schule, 9*, 34. Jahrgang, 462-470.

Scherer, P. (1996b). „Zeig´, was du weißt" – Ergebnisse eines Tests zur Prozentrechnung. Folge 2: Ergebnisse zu den Aufgaben 4 und 6. Fazit. *Mathematik in der Schule, 10*, 34. Jahrgang, 462-470.

Schnotz, W. (1998). Conceptual Change. In D. H. Rost (Hrsg.), *Handwörterbuch Pädagogische Psychologie* (S. 55-59). Weinheim: Beltz.

Schupp, H. (1988). Anwendungsorientierter Mathematikunterricht in der Sekundarstufe zwischen Theorie und neuen Impulsen. *Der Mathematikunterricht, 34*, 5-16.

Sfard, A. & McClain, K. (2002). Analyzing tools: Perspectives on the role of designed artifacts in mathematics learning. *The Journal of the Learning Sciences, 11*, 153-161.

Shield, M. & Dole, S. (2008). Proportion in middle-school mathematics: It's everywhere. *The Australian Mathematics Teacher, 64 (3)*, 10-15.

Shuell, T. J. (1996). Teaching and learning in a classroom context. In D. C. Berliner & R. C. Calfee (Hrsg.), *Handbook of educational Psychology* (S. 726-764). New York: Macmillan.

Sommer, N. (2007). „Lernzuwächse" in Querschnittstudien. Probleme der Beurteilung der Größenordnung und Stabilität von Jahrgangsstufendifferenzen. *Journal für Mathematik-Didaktik, 28,* 128-147.

Stark, R. (2003). Conceptual Change: kognitiv oder situiert? *Zeitschrift für Pädagogische Psychologie, 17,* 133-144.

Stern, E. (2002). Wie abstrakt lernt das Grundschulkind? Neuere Ergebnisse der entwicklungspsychologischen Forschung. In H. Petillon (Hrsg.), *Handbuch Grundschulforschung, Band 5: Individuelles und soziales Lernen – Kindperspektive und pädagogische Konzepte* (S. 22-28). Leverkusen: Leske + Budrich.

Strike, K. A. & Posner, G. J. (1992). A revisionist theory of conceptual change. In R. Duschl, & R. Hamilton (Hrsg.), *Philosophy of science, cognitive psychology, and educational theory and practice* (S. 147-176). Albany, New York: State University of New York.

Tall, D. O. & Vinner, S. (1981). Concept image and concept definition in mathematics, with particular referents to limits and continuity. *Educational Studies in Mathematics, 12,* 151-169.

Thompson, P. W. (1994a). Students, Functions, and the Undergraduate Curriculum. In E Dubinsky, A. Schoenfeld, & J. Kaput (Hrsg.), *Research in Collegiate Mathematics Education, I, CBMS Issues in Mathematics Education, 4* (S. 21-44). San Diego: State University.

Thompson, P. W. (1994b). The development of the concept of speed and its relationship to concepts of rate. In G. Harel & J. Confrey (Hrsg.), *The development of multiplicative reasoning in the learning of mathematics* (S. 179-234). New York: State University of New York Press.

Vamvakoussi, X. & Vosniadou, S. (2004). Understanding the structure of the set of rational numbers: a conceptual change approach. *Learning and Instruction, 14 (5),* 453-467.

van Doren, W., de Bock, D., Evers M. & Verschaffel, l. (2009). Students' Overuse of Proportionality on Missing-Value-Problems: How Numbers May Change Solutions. *Journal for Research in Mathematics Education, 40 (2),* 187-211.

Vergnaud, G. (1983). Mutiplicative Structures. In R. Lesh & M. Landau, *Aquisition of Mathematics Concepts and Processes* (S. 127-174). New York: Academic Press.

Viet, U. (1989). Proportionen und Antiproportionen. Methoden und Ergebnisse einer empirischen Untersuchung. *Beiträge zum Mathematikunterricht, Vorträge auf der 23. Bundestagung für Didaktik der Mathematik,* 48-57.

Viet, U. & Kurth, W. (1986). Proportionen und Antiproportionen. Empirische Untersuchungen zum Thema „Proportionen und Antiproportionen" in der Hauptschule. Die Verwendung von Lösungsschemata beim Thema „Proportionale und antiproportionale Zuordnungen" – Ergebnisse einer Untersuchung an Hauptschulen. Schriftenreihe des Forschungsinstituts für Mathematikdidaktik Nr. 8, Osnabrück.

Vinner, S. (1983). Concept definition, concept image and the notion of function. *International Journal of mathematical education in science and technology, 14 (3),* 293-305.

Vinner, S. (1992). The function concept as a prototype for problems in mathematics learning. In E. Dubinsky & G. Harel (Hrsg.), *The concept of function: Aspects of epistemology and pedagogy* (S. 195-214). USA: MAA.

Vinner, S. & Hershkowitz, R. (1980). Concept images and common cognitive paths in the development of some simple geometrical concepts. *Proceedings of the Fourth International Conference for the Psychology of Mathematics Education* (S. 177-184). Berkeley CA.

Vinner, S. & Dreyfus, T. (1989). Images and definitions for the concept of function. *Journal for Research in Mathematics Education, 20,* 356-366.

Vohns, A. (2005). Fundamentale Ideen und Grundvorstellungen: Versuch einer konstruktiven Zusammenführung am Beispiel der Addition von Brüchen. *Journal für Mathematikdidaktik, 26 (1),* 52-79.

Vollrath, H.-J. (1993). Dreisatzaufgaben als Aufgaben zu proportionalen und antiproportionalen Funktionen. *Mathematik in der Schule, 4,* 31. Jahrgang, 209-221.

vom Hofe, R. (1995). *Grundvorstellungen mathematischer Inhalte.* Heidelberg: Spektrum.

vom Hofe, R. (1996a). Über die Ursprünge des Grundvorstellungskonzepts in der Mathematikdidaktik. *Journal für Mathematikdidaktik, 17,* 238-264.

vom Hofe, R. (1996b). Grundvorstellungen – Basis für inhaltliches Denken. *Mathematik lehren, 78*, 4-8.

vom Hofe, R. (2003). Grundbildung durch Grundvorstellung. *Mathematik lehren, 118*, 4-8.

vom Hofe, R., Hafner, T., Blum W. & Pekrun, R. (2009). Die Entwicklung mathematischer Kompetenzen in der Sekundarstufe – Ergebnisse der Längsschnittstudie PALMA. In A. Heinze & M. Grüßing (Hrsg.), *Mathematiklernen vom Kindergarten bis zum Studium, Kontinuität und Kohärenz als Herausforderung für den Mathematikunterricht* (S. 125-146). Münster: Waxmann.

vom Hofe, R., Pekrun, R., Kleine, M. & Götz, T. (2002). Projekt zur Analyse der Leistungsentwicklung in Mathematik (PALMA). Konstruktion des Regensburger Mathematikleistungstests für 5.-10. Klassen. *Zeitschrift für Pädagogik, 45. Beiheft*, 83-100.

vom Hofe, R., Kleine, M., Blum, W. & Pekrun, R. (2005). Zur Entwicklung mathematischer Grundbildung in der Sekundarstufe I – theoretische, empirische und diagnostische Aspekte. In M. Hasselhorn, H. Marx & W. Schneider (Hrsg.), *Jahrbuch für pädagogisch-psychologische Diagnostik. Tests und Trends, Band 4* (S. 263-292). Göttingen: Hogrefe.

Vosniadou, S. (1999). Conceptual change research: State of the art and future directions. In W. Schnotz, S. Vosniadou, & M. Carretero (Hrsg.), *New perspectives on conceptual change* (S. 3-13). Oxford: Elsevier Science.

Vosniadou, S., Ioannides, C., Dimitrakopoulou, A. & Papademetriou, E. (2001). Designing learning environments to promote conceptual change in science. *Learning and Instruction, 11*, 381-419.

Wagemann, E. B. (1983). Kritische Anmerkungen über MEISSNERs Analyse zur Prozentrechnung. *Journal für Mathematik-Didaktik, 2*, 4. Jahrgang, 99-112.

Wartha, S. (2007). Längsschnittliche Untersuchungen zur Entwicklung des Bruchzahlbegriffs. Hildesheim: Franzbecker.

Weidle, R. & Wagner, A. (1982). Die Methode des Lauten Denkens. In G. L. Gruber & H. Mandl (Hrsg.), *Verbale Daten. Eine Einführung in die Grundlagen und Methode der Erhebung und Auswertung* (S. 81-103). Weinheim: Beltz.

Weinert, F. E. (2001). Vergleichende Leistungsmessung in Schulen – eine umstrittene Selbstverständlichkeit. In F. E. Weinert (Hrsg.), *Leistungsmessung in Schulen* (S. 17-31). Weinheim: Beltz.

Weingärtner, H. (1991). Lösen von Aufgaben mit indirekter Proportionalität. *Pädagogische Welt, Zeitschrift für Unterricht und Erziehung, 45 (1)*, 414-416.

Winter, H. (1976a). Was soll Geometrie in der Grundschule? *Zentralblatt für Didaktik der Mathematik, 8*, 14-18.

Winter, H. (1976b). Strukturorientierte Bruchrechnung. In H. Winter & E. Wittmann (Hrsg.), *Beiträge zu Mathematikdidaktik – Festschrift für Wilhelm Oehl* (S. 131-165). Hannover: Schroedel.

Winter, H. (1996). Mathematikunterricht und Allgemeinbildung. *Mitteilungen der Deutschen Mathematiker-Vereinigung, 2*, 35-41.

Wittmann, E. (1975). *Grundfragen des Mathematikunterrichts*. Braunschweig: Vieweg.

Anhang

Für alle sich im Anhang befindenden Tabellen werden folgende Abkürzungen verwendet.

fpp_1_6_X:	Längsschnittfähigkeit der Subskala Proportionalität und Prozentrechnung zu MZP X
MW	Mittelwert
SD	Standardabweichung
S.E.	Standardfehler des Mittelwertes
M.D.	Mittlere Differenz
S.E.D.	Standardfehler der Differenz
K	Korrelation
S	Signifikanz
KID	Konfidenzintervall der Differenz
U	Untere Grenze
O	Obere Grenze
WPFG	Wahlpflichtfächergruppe

A.1 Längsschnittlicher Vergleich der Kompetenzmittelwerte

A.1.1 Gesamtstichprobe

Statistik bei gepaarten Stichproben		MW	N	SD	S.E.
Paaren 1	fpp_1_6_1	850,18	1319	87,51	2,41
	fpp_1_6_2	915,78	1319	103,27	2,84
Paaren 2	fpp_1_6_2	915,78	1319	103,27	2,84
	fpp_1_6_3	928,69	1319	95,62	2,63
Paaren 3	fpp_1_6_3	928,69	1319	95,62	2,63
	fpp_1_6_4	974,11	1319	94,24	2,59
Paaren 4	fpp_1_6_4	974,11	1319	94,24	2,59
	fpp_1_6_5	1000,00	1319	100,00	2,75
Paaren 5	fpp_1_6_5	1023,19	977	90,44	2,89
	fpp_1_6_6	1059,04	977	94,30	3,02

Korrelationen bei gepaarten Stichproben		N	K	S
Paaren 1	fpp_1_6_1 & fpp_1_6_2	1319	,672	,000
Paaren 2	fpp_1_6_2 & fpp_1_6_3	1319	,603	,000
Paaren 3	fpp_1_6_3 & fpp_1_6_4	1319	,592	,000
Paaren 4	fpp_1_6_4 & fpp_1_6_5	1319	,649	,000
Paaren 5	fpp_1_6_5 & fpp_1_6_6	977	,637	,000

Test bei gepaarten Stichproben								
	Gepaarte Differenzen					T	df	S (2-seitig)
				99% KID				
	MW	SD	S.E.	U	O			
Paaren 1	-65,60	78,55	2,16	-71,18	-60,02	-30,331	1318	,000
Paaren 2	-12,91	88,86	2,45	-19,22	-6,60	-5,277	1318	,000
Paaren 3	-45,42	85,77	2,36	-51,51	-39,33	-19,232	1318	,000
Paaren 4	-25,89	81,52	2,24	-31,68	-20,10	-11,533	1318	,000
Paaren 5	-35,84	78,82	2,52	-42,35	-29,33	-14,214	976	,000

A.1.2 Gymnasium

Statistik bei gepaarten Stichproben					
		MW	N	SD	S.E.
Paaren 1	fpp_1_6_1	895,47	536	79,52	3,43
	fpp_1_6_2	980,20	536	89,38	3,86
Paaren 2	fpp_1_6_2	980,20	536	89,38	3,86
	fpp_1_6_3	964,68	536	95,19	4,11
Paaren 3	fpp_1_6_3	964,68	536	95,19	4,11
	fpp_1_6_4	1019,98	536	86,35	3,73
Paaren 4	fpp_1_6_4	1019,98	536	86,35	3,73
	fpp_1_6_5	1045,68	536	86,50	3,74
Paaren 5	fpp_1_6_5	1047,79	492	86,03	3,88
	fpp_1_6_6	1081,20	492	94,68	4,27

Korrelationen bei gepaarten Stichproben				
		N	K.	S
Paaren 1	fpp_1_6_1 & fpp_1_6_2	536	,610	,000
Paaren 2	fpp_1_6_2 & fpp_1_6_3	536	,613	,000
Paaren 3	fpp_1_6_3 & fpp_1_6_4	536	,595	,000
Paaren 4	fpp_1_6_4 & fpp_1_6_5	536	,575	,000
Paaren 5	fpp_1_6_5 & fpp_1_6_6	492	,600	,000

Test bei gepaarten Stichproben								
	Gepaarte Differenzen							S (2-seitig)
				99% KID		T	df	
	MW	SD	S.E.	U	O			
Paaren 1	-84,73	75,09	3,24	-93,11	-76,35	-26,124	535	,000
Paaren 2	15,52	81,36	3,51	6,44	24,61	4,418	535	,000
Paaren 3	-55,30	82,11	3,55	-64,46	-46,13	-15,592	535	,000
Paaren 4	-25,70	79,67	3,44	-34,60	-16,81	-7,469	535	,000
Paaren 5	-33,42	81,15	3,66	-42,88	-23,96	-9,134	491	,000

A.1.3 Realschule

Statistik bei gepaarten Stichproben		MW	N	SD	S.E.
Paaren 1	fpp_1_6_1	848,56	466	68,75	3,18
	fpp_1_6_2	905,89	466	79,18	3,67
Paaren 2	fpp_1_6_2	905,89	466	79,18	3,67
	fpp_1_6_3	930,72	466	82,19	3,81
Paaren 3	fpp_1_6_3	930,72	466	82,19	3,81
	fpp_1_6_4	970,57	466	82,96	3,84
Paaren 4	fpp_1_6_4	970,57	466	82,96	3,84
	fpp_1_6_5	1000,81	466	85,31	3,95
Paaren 5	fpp_1_6_5	1004,80	423	85,89	4,18
	fpp_1_6_6	1041,04	423	87,56	4,26

Korrelationen bei gepaarten Stichproben		N	K	S
Paaren 1	fpp_1_6_1 & fpp_1_6_2	466	,568	,000
Paaren 2	fpp_1_6_2 & fpp_1_6_3	466	,478	,000
Paaren 3	fpp_1_6_3 & fpp_1_6_4	466	,471	,000
Paaren 4	fpp_1_6_4 & fpp_1_6_5	466	,573	,000
Paaren 5	fpp_1_6_5 & fpp_1_6_6	423	,635	,000

Test bei gepaarten Stichproben								
	Gepaarte Differenzen					T	df	S (2-seitig)
				99% KID				
	MW	SD	S.E.	U	O			
Paaren 1	-57,34	69,34	3,21	-65,64	-49,03	-17,851	465	,000
Paaren 2	-24,83	82,48	3,82	-34,71	-14,94	-6,498	465	,000
Paaren 3	-39,85	84,94	3,93	-50,02	-29,67	-10,126	465	,000
Paaren 4	-30,24	77,77	3,60	-39,56	-20,92	-8,394	465	,000
Paaren 5	-36,24	74,15	3,61	-45,57	-26,91	-10,053	422	,000

A.1.4 Hauptschule

Statistik bei gepaarten Stichproben		MW	N	SD	S.E.
Paaren 1	fpp_1_6_1	776,00	317	72,64	4,08
	fpp_1_6_2	821,39	317	74,92	4,21
Paaren 2	fpp_1_6_2	821,39	317	74,92	4,21
	fpp_1_6_3	864,87	317	81,00	4,55
Paaren 3	fpp_1_6_3	864,87	317	81,00	4,55
	fpp_1_6_4	901,77	317	73,86	4,15
Paaren 4	fpp_1_6_4	901,77	317	73,86	4,15
	fpp_1_6_5	921,57	317	92,85	5,22
Paaren 5	fpp_1_6_5	953,52	62	89,97	11,43
	fpp_1_6_6	1005,88	62	89,44	11,36

Korrelationen bei gepaarten Stichproben		N	K	S
Paaren 1	fpp_1_6_1 & fpp_1_6_2	317	,267	,000
Paaren 2	fpp_1_6_2 & fpp_1_6_3	317	,245	,000
Paaren 3	fpp_1_6_3 & fpp_1_6_4	317	,305	,000
Paaren 4	fpp_1_6_4 & fpp_1_6_5	317	,443	,000
Paaren 5	fpp_1_6_5 & fpp_1_6_6	62	,501	,000

Test bei gepaarten Stichproben								
	Gepaarte Differenzen					T	df	S (2-seitig)
				99% KID				
	MW	SD	S.E.	U	O			
Paaren 1	-45,39	89,34	5,02	-58,40	-32,39	-9,047	316	,000
Paaren 2	-43,47	95,90	5,39	-57,43	-29,51	-8,071	316	,000
Paaren 3	-36,91	91,47	5,14	-50,22	-23,59	-7,184	316	,000
Paaren 4	-19,80	89,48	5,03	-32,82	-6,78	-3,940	316	,000
Paaren 5	-52,36	89,62	11,38	-82,62	-22,09	-4,600	61	,000

A.2 Querschnittlicher Vergleich der Kompetenzmittelwerte

A.2.1 Schulformenvergleich, MZP 1

Gruppenstatistiken					
	Schultyp MZP1	N	MW	SD	S.E.
fpp_1_6_1	GY	536	895,47	79,52	3,43
	RS	404	847,67	68,47	3,41

Test bei unabhängigen Stichproben
T-Test für die Mittelwertgleichheit

						99% KID	
Varianzen	T	df	S	M.D.	S.E.D	U	O
sind gleich	9,677	938	,000	47,80	4,94	35,05	60,55
sind nicht gleich	9,881	921,53	,000	47,80	4,84	35,31	60,29

Gruppenstatistiken					
	Schultyp MZP1	N	MW	SD	S.E.
fpp_1_6_1	GY	536	895,47	79,52	3,43
	HS	379	788,81	77,86	4,00

Test bei unabhängigen Stichproben
T-Test für die Mittelwertgleichheit

						99% KID	
Varianzen	T	df	S	M.D.	S.E.D	U	O
sind gleich	20,159	913	,000	106,67	5,29	93,01	120,32
sind nicht gleich	20,232	824,384	,000	106,67	5,27	93,05	120,28

Gruppenstatistiken					
	Schultyp MZP1	N	MW	SD	S.E.
fpp_1_6_1	RS	404	847,67	68,47	3,41
	HS	379	788,81	77,86	4,00

Test bei unabhängigen Stichproben
T-Test für die Mittelwertgleichheit

						99% KID	
Varianzen	T	df	S	M.D.	S.E.D	U	O
sind gleich	11,251	781	,000	58,87	5,23	45,36	72,38
sind nicht gleich	11,205	753,429	,000	58,87	5,25	45,30	72,43

A.2.2 Schulformenvergleich, MZP 2

Gruppenstatistiken	Schultyp MZP2	N	MW	SD	S.E.
fpp_1_6_2	GY	536	980,20	89,38	3,86
	RS	404	906,02	81,00	4,03

Test bei unabhängigen Stichproben
T-Test für die Mittelwertgleichheit

Varianzen	T	df	S	M.D.	S.E.D	99% KID U	O
sind gleich	13,111	938	,000	74,18	5,66	59,58	88,79
sind nicht gleich	13,293	906,787	,000	74,18	5,58	59,78	88,59

Gruppenstatistiken	Schultyp MZP2	N	MW	SD	S.E.
fpp_1_6_2	GY	536	980,20	89,38	3,86
	HS	379	835,08	79,81	4,10

Test bei unabhängigen Stichproben
T-Test für die Mittelwertgleichheit

Varianzen	T	df	S	M.D.	S.E.D	99% KID U	O
sind gleich	25,278	913	,000	145,12	5,74	130,30	159,94
sind nicht gleich	25,772	865,039	,000	145,12	5,63	130,59	159,66

Gruppenstatistiken	Schultyp MZP2	N	MW	SD	S.E.
fpp_1_6_2	RS	404	906,02	81,00	4,03
	HS	379	835,08	79,81	4,10

Test bei unabhängigen Stichproben
T-Test für die Mittelwertgleichheit

Varianzen	T	df	S	M.D.	S.E.D	99% KID U	O
sind gleich	12,335	781	,000	70,94	5,75	56,09	85,79
sind nicht gleich	12,341	779,120	,000	70,94	5,75	56,10	85,78

A.2.3 Schulformenvergleich, MZP 3

Gruppenstatistiken

Schultyp MZP3	N	MW	SD	S.E.
fpp_1_6_3 GY	964,68	95,19	4,11	964,68
RS	930,72	82,19	3,81	930,72

Test bei unabhängigen Stichproben
T-Test für die Mittelwertgleichheit

Varianzen	T	df	S	M.D.	S.E.D	99% KID U	O
sind gleich	5,999	1000	,000	33,96	5,66	19,35	48,57
sind nicht gleich	6,060	999,955	,000	33,96	5,60	19,50	48,42

Gruppenstatistiken

Schultyp MZP3	N	MW	SD	S.E.
fpp_1_6_3 GY	536	964,68	95,19	4,11
HS	317	864,87	81,00	4,55

Test bei unabhängigen Stichproben
T-Test für die Mittelwertgleichheit

Varianzen	T	df	S	M.D.	S.E.D	99% KID U	O
sind gleich	15,621	851	,000	99,81	6,39	83,32	116,31
sind nicht gleich	16,277	748,203	,000	99,81	6,13	83,98	115,65

Gruppenstatistiken

Schultyp MZP3	N	MW	SD	S.E.
fpp_1_6_3 RS	466	930,72	82,19	3,81
HS	317	864,87	81,00	4,55

Test bei unabhängigen Stichproben
T-Test für die Mittelwertgleichheit

Varianzen	T	df	S	M.D.	S.E.D	99% KID U	O
sind gleich	11,070	781	,000	65,85	5,95	50,49	81,21
sind nicht gleich	11,100	685,250	,000	65,85	5,93	50,53	81,18

A.2.4 Schulformenvergleich, MZP 4

Gruppenstatistiken					
	Schultyp MZP4	N	MW	SD	S.E.
fpp_1_6_4	GY	536	1019,98	86,35	3,73
	RS	466	970,57	82,96	3,84

Test bei unabhängigen Stichproben							
			T-Test für die Mittelwertgleichheit				
						99% KID	
Varianzen	T	df	S	M.D.	S.E.D	U	O
sind gleich	9,200	1000	,000	49,41	5,37	35,55	63,27
sind nicht gleich	9,226	990,079	,000	49,41	5,36	35,59	63,23

Gruppenstatistiken					
	Schultyp MZP4	N	MW	SD	S.E.
fpp_1_6_4	GY	536	1019,98	86,35	3,73
	HS	317	901,77	73,86	4,15

Test bei unabhängigen Stichproben							
			T-Test für die Mittelwertgleichheit				
						99% KID	
Varianzen	T	df	S	M.D.	S.E.D	U	O
sind gleich	20,361	851	,000	118,20	5,81	103,21	133,19
sind nicht gleich	21,189	745,655	,000	118,20	5,58	103,80	132,61

Gruppenstatistiken					
	Schultyp MZP4	N	MW	SD	S.E.
fpp_1_6_4	RS	466	970,57	82,96	3,84
	HS	317	901,77	73,86	4,15

Test bei unabhängigen Stichproben							
			T-Test für die Mittelwertgleichheit				
						99% KID	
Varianzen	T	df	S	M.D.	S.E.D	U	O
sind gleich	11,900	781	,000	68,79	5,78	53,86	83,72
sind nicht gleich	12,165	727,188	,000	68,79	5,65	54,19	83,40

A.2.5 Schulformenvergleich, MZP 5

Gruppenstatistiken					
	Schultyp MZP5	N	MW	SD	S.E.
fpp_1_6_5	GY	536	1045,68	86,50	3,74
	RS	466	1000,81	85,31	3,95

Test bei unabhängigen Stichproben							
	T-Test für die Mittelwertgleichheit						
						99% KID	
Varianzen	T	df	S	M.D.	S.E.D	U	O
sind gleich	8,243	1000	,000	44,87	5,44	30,82	58,92
sind nicht gleich	8,251	984,263	,000	44,87	5,44	30,84	58,91

Gruppenstatistiken					
	Schultyp MZP5	N	MW	SD	S.E.
fpp_1_6_5	GY	536	1045,68	86,50	3,74
	HS	317	921,57	92,85	5,22

Test bei unabhängigen Stichproben							
	T-Test für die Mittelwertgleichheit						
						99% KID	
Varianzen	T	df	S	M.D.	S.E.D	U	O
sind gleich	19,701	851	,000	124,11	6,30	107,84	140,37
sind nicht gleich	19,346	626,175	,000	124,11	6,42	107,53	140,68

Gruppenstatistiken					
	Schultyp MZP5	N	MW	SD	S.E.
fpp_1_6_5	RS	466	1000,81	85,31	3,95
	HS	317	921,57	92,85	5,22

Test bei unabhängigen Stichproben							
	T-Test für die Mittelwertgleichheit						
						99% KID	
Varianzen	T	df	S	M.D.	S.E.D	U	O
sind gleich	12,305	781	,000	79,23	6,44	62,61	95,86
sind nicht gleich	12,109	639,773	,000	79,23	6,54	62,33	96,14

A.2.6 Schulformenvergleich, MZP 6

Gruppenstatistiken					
	Schultyp MZP6	N	MW	SD	S.E.
fpp_1_6_6	GY	492	1081,20	94,68	4,27
	RS	423	1041,04	87,56	4,26

Test bei unabhängigen Stichproben
T-Test für die Mittelwertgleichheit

Varianzen	T	df	S	M.D.	S.E.D	99% KID U	O
sind gleich	6,622	913	,000	40,16	6,06	24,51	55,81
sind nicht gleich	6,661	908,133	,000	40,16	6,03	24,60	55,72

Gruppenstatistiken					
	Schultyp MZP6	N	MW	SD	S.E.
fpp_1_6_6	GY	492	1081,20	94,68	4,27
	HS	62	1005,88	89,44	11,36

Test bei unabhängigen Stichproben
T-Test für die Mittelwertgleichheit

Varianzen	T	df	S	M.D.	S.E.D	99% KID U	O
sind gleich	5,939	552	,000	75,33	12,68	42,54	108,11
sind nicht gleich	6,208	79,250	,000	75,33	12,13	43,30	107,35

Gruppenstatistiken					
	Schultyp MZP6	N	MW	SD	S.E.
fpp_1_6_6	RS	423	1041,04	87,56	4,26
	HS	62	1005,88	89,44	11,36

Test bei unabhängigen Stichproben
T-Test für die Mittelwertgleichheit

Varianzen	T	df	S	M.D.	S.E.D	99% KID U	O
sind gleich	2,945	483	,003	35,17	11,94	4,29	66,05
sind nicht gleich	2,899	79,119	,005	35,17	12,13	3,15	67;18

A.3 Querschnittlicher Vergleich innerhalb der Realschule

A.3.1 Wahlpflichtfächergruppenvergleich, MZP 1

Gruppenstatistiken					
	WPFG	N	MW	SD	S.E.
fpp_1_6_1	I	76	897,55	77,17	8,85
	II	194	846,72	61,16	- 4,39

Test bei unabhängigen Stichproben
T-Test für die Mittelwertgleichheit

Varianzen	T	df	S	M.D.	S.E.D	99% KID	
						U	O
sind gleich	5,689	268	,000	50,83	8,94	27,65	74,01
sind nicht gleich	5,144	113,774	,000	50,83	9,88	24,94	76,72

Gruppenstatistiken					
	WPFG	N	MW	SD	S.E.
fpp_1_6_1	I	76	897,55	77,17	8,85
	II	144	826,70	58,40	4,87

Test bei unabhängigen Stichproben
T-Test für die Mittelwertgleichheit

Varianzen	T	df	S	M.D.	S.E.D	99% KID	
						U	O
sind gleich	7,634	218	,000	70,86	9,28	46,74	94,98
sind nicht gleich	7,015	121,371	,000	70,86	10,10	44,42	97,29

Gruppenstatistiken					
	WPFG	N	MW	SD	S.E.
fpp_1_6_1	II	194	846,72	61,16	4,39
	III	144	826,70	58,40	4,87

Test bei unabhängigen Stichproben
T-Test für die Mittelwertgleichheit

Varianzen	T	df	S	M.D.	S.E.D	99% KID	
						U	O
sind gleich	3,035	336	,003	20,03	6,60	2,93	37,13
sind nicht gleich	3,056	315,625	,002	20,03	6,55	3,04	37,01

A.3.2 Wahlpflichtfächergruppenvergleich, MZP 2

Gruppenstatistiken				
WPFG	N	MW	SD	S.E.
fpp_1_6_2 I	76	964,88	80,61	9,25
II	194	901,98	71,58	5,14

Test bei unabhängigen Stichproben
T-Test für die Mittelwertgleichheit

Varianzen	T	df	S	M.D.	S.E.D	99% KID U	O
sind gleich	6,262	268	,000	62,89	10,04	36,84	88,95
sind nicht gleich	5,945	123,898	,000	62,89	10,58	35,22	90,57

Gruppenstatistiken				
WPFG	N	MW	SD	S.E.
fpp_1_6_2 I	76	964,88	80,61	9,25
II	144	883,79	71,92	5,00

Test bei unabhängigen Stichproben
T-Test für die Mittelwertgleichheit

Varianzen	T	df	S	M.D.	S.E.D	99% KID U	O
sind gleich	7,622	218	,000	81,08	10,64	53,44	108,72
sind nicht gleich	7,358	138,442	,000	81,08	11,02	52,30	109,86

Gruppenstatistiken				
WPFG	N	MW	SD	S.E.
fpp_1_6_2 II	194	901,98	71,58	5,14
II	144	883,79	71,92	5,99

Test bei unabhängigen Stichproben
T-Test für die Mittelwertgleichheit

Varianzen	T	df	S	M.D.	S.E.D	99% KID U	O
sind gleich	2,305	336	,022	18,19	7,89	-2,25	38,63
sind nicht gleich	2,304	307,443	,022	18,19	7,90	-2,28	38,65

A.3.3 Wahlpflichtfächergruppenvergleich, MZP 3

Gruppenstatistiken

WPFG	N	MW	SD	S.E.
fpp_1_6_3 I	76	982,52	84,88	9,74
II	194	943,32	80,94	5,81

Test bei unabhängigen Stichproben
T-Test für die Mittelwertgleichheit

Varianzen	T	df	S	M.D.	S.E.D	99% KID U	O
sind gleich	3,530	268	,000	39,20	11,11	10,39	68,01
sind nicht gleich	3,457	131,463	,001	39,20	11,34	9,56	68,84

Gruppenstatistiken

WPFG	N	MW	SD	S.E.
fpp_1_6_3 I	76	982,52	84,88	9,74
II	144	894,35	61,66	5,14

Test bei unabhängigen Stichproben
T-Test für die Mittelwertgleichheit

Varianzen	T	df	S	M.D.	S.E.D	99% KID U	O
sind gleich	8,818	218	,000	88,16	10,00	62,18	114,14
sind nicht gleich	8,008	117,795	,000	88,16	11,01	59,34	116,99

Gruppenstatistiken

WPFG	N	MW	SD	S.E.
fpp_1_6_3 II	194	943,32	80,94	5,81
II	144	894,35	61,66	5,14

Test bei unabhängigen Stichproben
T-Test für die Mittelwertgleichheit

Varianzen	T	df	S	M.D.	S.E.D	99% KID U	O
sind gleich	6,068	336	,000	48,96	8,07	28,06	69,86
sind nicht gleich	6,312	335,762	,000	48,96	7,76	28,87	69,06

A.3.4 Wahlpflichtfächergruppenvergleich, MZP 4

	Gruppenstatistiken			
	WPFG	N	MW	SD	S.E.
fpp_1_6_4	I	76	1030,57	86,70	9,95
	II	194	979,18	76,90	5,52

Test bei unabhängigen Stichproben
T-Test für die Mittelwertgleichheit

						99% KID	
Varianzen	T	df	S	M.D.	S.E.D	U	O
sind gleich	4,761	268	,000	51,39	10,79	23,39	79,39
sind nicht gleich	4,518	123,780	,000	51,39	11,37	21,63	81,15

	Gruppenstatistiken			
	WPFG	N	MW	SD	S.E.
fpp_1_6_4	I	76	1030,57	86,70	9,95
	II	144	932,91	72,79	6,07

Test bei unabhängigen Stichproben
T-Test für die Mittelwertgleichheit

						99% KID	
Varianzen	T	df	S	M.D.	S.E.D	U	O
sind gleich	8,847	218	,000	97,66	11,04	68,98	126,34
sind nicht gleich	8,384	131,620	,000	97,66	11,65	67,21	128,11

	Gruppenstatistiken			
	WPFG	N	MW	SD	S.E.
fpp_1_6_4	II	194	979,18	76,90	5,52
	II	144	932,91	72,79	6,07

Test bei unabhängigen Stichproben
T-Test für die Mittelwertgleichheit

						99% KID	
Varianzen	T	df	S	M.D.	S.E.D	U	O
sind gleich	5,596	336	,000	46,27	8,27	24,85	67,69
sind nicht gleich	5,642	316,925	,000	46,27	8,20	25,02	67,53

A.3.5 Wahlpflichtfächergruppenvergleich, MZP 5

	Gruppenstatistiken			
	WPFG	N	MW	SD	S.E.
fpp_1_6_5	I	76	1036,85	93,62	10,74
	II	194	1023,12	80,55	5,78

Test bei unabhängigen Stichproben
T-Test für die Mittelwertgleichheit

Varianzen	T	df	S	M.D.	S.E.D	99% KID U	99% KID O
sind gleich	1,202	268	,230	13,73	11,42	-15,90	43,37
sind nicht gleich	1,126	120,859	,262	13,73	12,20	-18,19	45,65

	Gruppenstatistiken			
	WPFG	N	MW	SD	S.E.
fpp_1_6_5	I	76	1036,85	93,62	10,74
	II	144	957,20	71,75	5,98

Test bei unabhängigen Stichproben
T-Test für die Mittelwertgleichheit

Varianzen	T	df	S	M.D.	S.E.D	99% KID U	99% KID O
sind gleich	7,026	218	,000	79,65	11,34	50,19	109,11
sind nicht gleich	6,480	122,533	,000	79,65	12,29	47,49	111,81

	Gruppenstatistiken			
	WPFG	N	MW	SD	S.E.
fpp_1_6_5	II	194	1023,12	80,55	5,78
	II	144	957,20	71,75	5,98

Test bei unabhängigen Stichproben
T-Test für die Mittelwertgleichheit

Varianzen	T	df	S	M.D.	S.E.D	99% KID U	99% KID O
sind gleich	7,790	336	,000	65,92	8,46	44,00	87,84
sind nicht gleich	7,924	324,975	,000	65,92	8,32	44,36	87,47

A.3.6 Wahlpflichtfächergruppenvergleich, MZP 6

Gruppenstatistiken					
fpp_1_6_6	WPFG	N	MW	SD	S.E.
	I	73	1101,44	105,09	12,30
	II	176	1053,18	72,05	5,43

Test bei unabhängigen Stichproben

	T-Test für die Mittelwertgleichheit						
						99% KID	
Varianzen	T	df	S	M.D.	S.E.D	U	O
sind gleich	4,174	247	,000	48,25	11,56	18,24	78,26
sind nicht gleich	3,589	101,226	,001	48,25	13,45	12,95	83,55

Gruppenstatistiken					
fpp_1_6_6	WPFG	N	MW	SD	S.E.
	I	73	1101,44	105,09	12,30
	II	130	994,82	74,93	6,57

Test bei unabhängigen Stichproben

	T-Test für die Mittelwertgleichheit						
						99% KID	
Varianzen	T	df	S	M.D.	S.E.D	U	O
sind gleich	8,384	201	,000	106,61	12,72	73,54	139,68
sind nicht gleich	7,645	113,802	,000	106,61	13,95	70,08	143,15

Gruppenstatistiken					
fpp_1_6_6	WPFG	N	MW	SD	S.E.
	II	176	1053,18	72,05	5,43
	II	130	994,82	74,93	6,57

Test bei unabhängigen Stichproben

	T-Test für die Mittelwertgleichheit						
						99% KID	
Varianzen	T	df	S	M.D.	S.E.D	U	O
sind gleich	6,886	304	,000	58,36	8,48	36,39	80,33
sind nicht gleich	6,846	271,877	,000	58,36	8,53	36,25	80,48